纳米材料与技术专业实验教程

雷西萍　李雪婷　石宗墨　张　昊　编著

北　京
冶　金　工　业　出　版　社
2025

内 容 提 要

本书围绕具有纳米尺度材料的制备方法、制备技术、结构表征与性能测试进行了实验设计，旨在进一步充实、加深和强化学生对纳米材料专业知识的认识和理解，使学生扎实掌握纳米材料制备原理与方法，学会微观结构观察与分析，并熟悉基本物性表征手段等。全书按照纳米材料维度划分，设计了零维、一维、二维和三维的实验内容。另外，为拓展学生的科研能力，结合编者的科研成果，设计了综合性实验。

本书可作为高等院校纳米材料与技术专业、功能材料专业、新能源材料专业及复合材料专业的实验教材，也可供有关材料研究与生产的科研人员及工程技术人员参考。

图书在版编目（CIP）数据

纳米材料与技术专业实验教程／雷西萍等编著.
北京：冶金工业出版社，2025. 2. --（普通高等教育“十四五”规划教材）. -- ISBN 978-7-5240-0081-5

Ⅰ. TB383

中国国家版本馆 CIP 数据核字第 2025FX0190 号

纳米材料与技术专业实验教程

出版发行	冶金工业出版社	**电　　话**	(010)64027926
地　　址	北京市东城区嵩祝院北巷 39 号	**邮　　编**	100009
网　　址	www. mip1953. com	**电子信箱**	service@ mip1953. com

责任编辑　高　珊　美术编辑　吕欣童　版式设计　郑小利
责任校对　李欣雨　责任印制　范天娇
三河市双峰印刷装订有限公司印刷
2025 年 2 月第 1 版，2025 年 2 月第 1 次印刷
787mm×1092mm　1/16；7. 75 印张；186 千字；116 页
定价 30. 00 元

投稿电话　(010)64027932　投稿信箱　tougao@cnmip. com. cn
营销中心电话　(010)64044283
冶金工业出版社天猫旗舰店　yjgycbs. tmall. com
（本书如有印装质量问题，本社营销中心负责退换）

前　　言

纳米材料与技术是研究在纳米尺度上（1～100 nm）物质（原子、分子）之间的特性和相互作用，并充分利用这些特性的多学科的高科技。目前，纳米材料与纳米技术已在能源化工、生物医用、电子通信、机械加工、生态环境等众多领域得到应用，其发展必将催生一批新质生产力。

编者对市场上有关材料类专业的实验教材进行调研和对比后发现，此类实验教材数量偏少且专业性强、各具特色，普适性、通用性不足，难以在大学本科实验中体现出与通用纳米材料、纳米技术相匹配的教学水平和实验周期，这无疑增加了教学任务和教学难度。

为了使纳米材料与技术专业、复合材料专业、功能材料等相关本科专业的学生能够扎实掌握纳米材料制备原理与方法，学会微观结构观察与分析，并熟悉基本物性表征手段等全方位的知识和能力，编者归纳、整理了经典的纳米材料制备方法与技术，并结合自己的科研成果编写了本书。

本书按照维度划分，共分为 5 章，前 4 章分别详述了典型的零维、一维、二维和三维纳米材料的制备过程与表征方法；第 5 章则对编者的科研成果加以凝练，突出创新性、设计性和综合性，充分体现了对学生全方位思维能力和实践能力的培养。书中内容涵盖实验目的、实验原理、实验原料与仪器、实验过程与步骤、实验结果与处理、注意事项、思考题及参考文献 8 个部分。

本书由雷西萍、李雪婷、石宗墨、张昊编著。编写分工为：雷西萍编写前言、第 1 章、第 5 章的实验 5-5 和实验 5-6；李雪婷编写第 2 章、第 5 章的实验 5-1 和实验 5-2、附录；石宗墨编写第 4 章、第 5 章的实验 5-3 和实验 5-4；张昊编写第 3 章。全书由雷西萍统稿。

本书的出版得到了西安建筑科技大学“十四五”规划教材基金（GHJC24064）资助。同时，西北工业大学电子陶瓷研究室在实验方面提供了帮助，西安建筑科技大学功能材料研究所高级工程师袁蝴蝶对此书的编写提出了建设性意见，研究生王琳翔、冯晓梅、于婷、樊凯、宋晓琪、肖婉彤提供了实验素材并参与了资料搜集与整理工作，在此一并致以衷心感谢！

由于编者水平有限，书中难免存在不足之处，敬请读者批评指正。

雷西萍

2024 年 8 月

于西安

目　录

1 零维纳米材料制备与表征实验

实验 1-1 高能球磨法制备纳米 Bi_2Te_3

实验目的

（1）理解高能球磨法的基本原理。

（2）掌握高能球磨法制备纳米材料的基本工艺。

（3）了解 Bi_2Te_3 纳米材料的微观生长机理。

实验原理

1. 基本原理

高能球磨法是制备纳米材料的一种重要途径，它不仅被广泛用来制备新金属材料，而且被用来制备非晶材料、纳米材料及陶瓷材料等，成为材料研究领域内一种非常重要的方法。它是一种通过机械力的作用使原料粉末合金化的技术。高能球磨的基本过程是将单质粉末或者混合粉末与球磨介质（如钢球）一起装入高能球磨机中进行机械研磨，粉末不断经历磨球的碰撞、挤压而反复变形、断裂、冷焊，最终达到断裂和冷焊的平衡，形成表面粗糙、内部结构精细的超细粉体。机械合金化法是在固相下实现原料粉末间的合金化，无须经过气相或液相反应，不受物质的蒸气压、熔点、化学活性等因素的影响，能够制备成分均匀、组织细小的材料。

2. 基本工艺

高能球磨法制备纳米材料的基本工艺通常由以下几个部分组成。

（1）根据所制备纳米材料的元素组成，选择两种或多种单质或合金粉末组成初始粉末。

（2）选择球磨介质，根据所制纳米材料的性质，选择钢球、刚玉球或其他材质的球作为球磨介质。

（3）将初始粉末和球磨介质按一定的比例放入球磨罐中进行球磨。在球磨过程中，通过球与球、球与球磨罐壁的碰撞，使初始粉末发生塑性形变，形成小颗粒粉体。随着球磨时间的延长，颗粒粉体进一步细化，并发生扩散和固态反应，形成单质或合金纳米粉体。

（4）球磨时一般需要使用 Ar、N_2 等惰性气体进行保护。

（5）对于塑性非常好的纳米粉体，需要加入一定量的过程控制剂，如无水乙醇或硬脂酸，防止粉末出现严重的团聚、结块和黏壁现象。

3. 高能球磨法制备纳米粒子的主要影响因素

高能球磨法是一个无外部热能供给的高能球磨过程，是一个由大晶粒变成小晶粒的过程，高能球磨所需的设备很少，工艺相对简单，但影响球磨产物的因素却很多。

（1）球磨容器。球磨容器的材质和形状对球磨产物有着重要的影响。球磨容器的材料通常为淬火钢、工具钢、不锈钢等。在球磨过程中，球磨介质对球磨容器内壁的碰撞和摩擦，会导致内壁的部分材料脱落而污染球磨粉体。同时，球磨容器的形状，特别是内壁的形状设计会影响球磨介质的滑动速度，改变介质间的摩擦作用。

（2）球磨转速。球磨机的转速越高，越会将更多的能量传递给球磨粉体，但不是转速越高越好。因为随着球磨机转速的提高，球磨介质的转速也会提高，当离心力大于重力时，球磨介质会紧贴容器内壁，球、粉体与容器相对静止，球磨作用停止，严重影响了塑性变形和合金化进程；同时，转速过高会使球磨体系的温升过快，温度过高也会影响球磨过程。

（3）球磨时间。球磨时间直接影响球磨产物的组分、粒径和纯度。不同的材料体系具有不同的最佳球磨时间。在一定条件下，随着球磨时间的增加，合金化程度越来越高，颗粒尺寸会逐渐减小并最终形成一个稳定的平衡状态。但球磨时间越长，原料污染也越严重，影响产物纯度。

（4）球磨介质。为避免球磨介质对球磨样品的污染，高能球磨中一般选用不锈钢球作为球磨介质。对于一些易磨性较好的材料，也可以选用瓷球。

（5）球料比和装球容积比。球料比是指球磨介质与球磨原料的质量比，球料比影响粉体颗粒的碰撞频率，球料比越高，合金化速率越快、越充分，但球料比过大，生产率会大幅降低。装球容积比过大，球运动的平均自由程减小，微粒变形量减小，效率降低。

（6）球磨温度。球磨温度升高，球磨所得到的纳米粉体的有效应变减少，晶粒尺寸增大，会影响粉末制成块体材料的力学性能。

（7）球磨气氛。在球磨过程中，粉体粒子会产生新生表面，其表面能较高，极易被氧化而重新结合在一起，因此，球磨过程一般在真空或惰性气体保护下进行。

（8）过程控制剂。在球磨过程中，为了较好地控制粉末成分，提高出粉率，可以通过添加过程控制剂，如硬脂酸、无水乙醇、固体石蜡等，来防止粉体出现严重的团聚、结块和黏壁现象。

实验原料与仪器

（1）原料：碲粉、铋粉、无水乙醇、去离子水。

（2）仪器：全方位行星式球磨机、球磨罐（带不锈钢球）、电子天平、超声清洗仪、烘箱、X 射线衍射仪（XRD）、扫描电子显微镜（SEM）。

球磨机结构简图如图 1-1 所示。

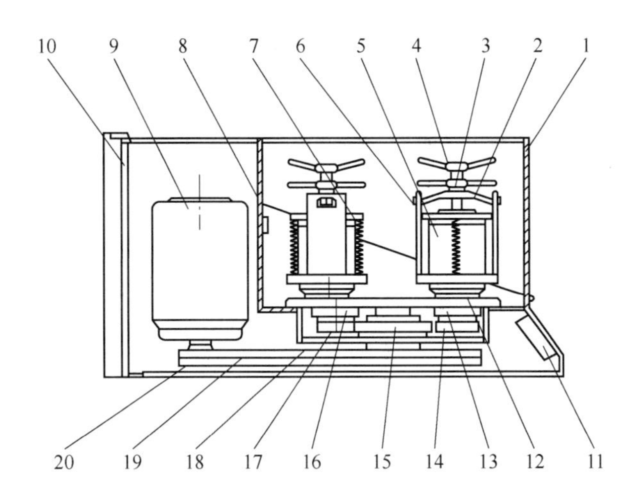

图 1-1　球磨机结构示意图

1—机罩；2—扁担；3—锁紧螺母；4—压紧螺杆；5—球磨罐；6—拉马套；7—罐夹；8—安全开关；9—电机；10—机座；11—控制器；12—大盘；13—行星轮系；14—行星齿轮；15—固定齿轮；16—过渡轮系；17—过渡齿轮；18—大带轮；19—大三角带；20—小带轮

实验过程与步骤

（1）实验前，依次用无水乙醇和去离子水球磨清洗球磨罐 20 min，然后在 60 ℃的烘箱中烘干。

（2）按照 2∶3 的质量比称量 Bi 粉和 Te 粉，并依次加入球磨罐中，拧紧密封。

（3）将封好的球磨罐放入球磨机的拉马套内，拧紧螺杆，挂上棘轮（防止球磨过程中螺杆松动），盖好保护罩。

（4）根据实验方案中预设的相关参数（转速和球磨时间），设置球磨机程序，启动球磨机。

1）球磨机由变频器控制，共有五种运行模式：①单向运行，不定时停机；②单向运行，定时停机；③正、反向交替运行，定时停机；④单向间隔运行，定时停机；⑤正、反向交替间隔运行，定时停机。

2）调速方式：变频器调速 0～60 Hz，分辨率 1 Hz，本机限制最高频率 43.7 Hz。

3）控制方式：0～43.7 Hz(0～550 r/min）可设置转速，亦可随时手动调节，0.1～100 h 定时运行，0.1～50 h 定时正、反转，0.1～100 h 定时间隔运行，0～100 次。

4）重启动运行。

（5）待反应完成后，卸下球磨罐，取出反应物，装入样品瓶中备用。

实验结果与处理

利用 XRD 和 SEM 对产物进行表征，明确合金化的程度，观察其微观结构，并探究其微观生长机理。

注意事项

（1）球磨时，由于物料、不锈钢球与球磨罐之间相互撞击，长时间球磨后罐体内的温度和压强都很高，球磨完毕需冷却后再拆卸，以免磨粉被高压喷出。

（2）对某些活泼金属粉末进行球磨时，配料和取样均应该在超净化手套箱中操作。

思考题

（1）影响球磨工艺的因素有哪些，分别对球磨实验产生何种影响？

（2）如何判断产物的合金化程度，可用哪些分析手段？

参考文献

[1] 倪星元，姚兰芳，沈军，等. 纳米材料制备技术［M］. 北京：化学工业出版社，2008.

实验 1-2　共沉淀法制备 NCM811 正极材料

实验目的

（1）熟悉共沉淀法制备锂离子电池正极材料 NCM811 的原理与过程。

（2）学会利用 XRD 和 SEM 分析技术表征晶体结构与微观形貌。

实验原理

在含有多种阳离子的溶液中加入沉淀剂，使金属离子完全沉淀的方法称为共沉淀法。它可分为单相沉淀和混合物共沉淀。沉淀物为单一化合物或单相固溶体时，被称为单相沉淀；沉淀物为混合物时，被称为混合物共沉淀。

利用共沉淀法制备纳米粉体，控制制备过程中的工艺条件，如化学配比、沉淀物的物理性质、pH 值、温度、溶剂和溶液浓度、混合方法和搅拌速率、焙烧温度和方式等，可合成在原子或分子尺度上混合均匀的沉淀物，这是极为重要的。一般，不同氢氧化物的溶度积相差很大，沉淀物形成前过饱和溶液的稳定性也各不相同。所以在溶液中的金属离子很容易发生分步沉淀，导致合成的纳米粉体的组成不均匀。因此，共沉淀的特殊前提是需存在一定正离子比的初始前驱化合物。

由于共沉淀法可在制备过程中完成反应及掺杂，因此较多地应用于功能陶瓷纳米颗粒的制备，如 $BaTiO_3$、$PbTiO_3$ 等 PZT 系的电子陶瓷，以及 ZrO_2-Y_2O_3、ZrO_2-MgO 和 ZrO_2-Al_2O_3 等复合纳米陶瓷体。

这种方法的主要目的是让共存于溶液中的特定阴离子和其他离子一起沉淀，避免溶液中一些特定的离子分别沉淀的现象，实现各阴离子在溶液中原子级的混合。为实现这样的目的，按照化学平衡理论，溶液的 pH 值是主要的影响因素之一。可以将氢氧化物、碳酸盐、硫酸盐、草酸盐等物质配成共沉淀溶液，可以在较大的范围内调节 pH 值。

实验原料与仪器

（1）原料：六水硫酸镍、七水硫酸钴、四水硫酸锰、一水氢氧化锂、氨水、氢氧化钠、去离子水。

（2）仪器：XRD、SEM、能量色散谱仪（EDS）。

实验过程与步骤

1. 液相共沉淀法制备 $Ni_{0.8}Co_{0.1}Mn_{0.1}(OH)_2$ 前驱粉体

氮气气氛下，通过计量泵将三种反应溶液（表示为 S1、S2 和 S3）同时滴加到定制的连续搅拌反应器（1.5 L）中。混合溶液 S1 是由 $NiSO_4 \cdot 6H_2O$、$CoSO_4 \cdot 7H_2O$ 和 $MnSO_4 \cdot 4H_2O$（Ni^{2+} : Co^{2+} : Mn^{2+} = 8 : 1 : 1）组成的浓度为 2 mol/L 的溶液；S2 是由浓度为 4 mol/L 的 NaOH 溶液组成，S3 是由 4 mol/L 的 $NH_3 \cdot H_2O$ 溶液组成。使用 S3 调节反应体系的 pH 值（11.0 ± 0.5）。共沉淀反应的温度控制在 50 ℃，搅拌速度为 1000 r/min，三

种溶液的进料时间为8 h，恒温搅拌12 h，合成过程中持续通入N_2。化学反应产物用去离子水进行过筛清洗，直至滤液中完全不含有SO_4^{2-}、Na^+等其他离子。在120 ℃的真空干燥箱内干燥12 h得到$Ni_{0.8}Co_{0.1}Mn_{0.1}(OH)_2$前驱粉体。

2. NCM811正极材料的制备

将真空干燥的前驱粉体与$LiOH \cdot H_2O$(过量5%)球磨混合均匀，混合粉末在480 ℃下预烧结6 h，在800 ℃下流动O_2气氛中烧结12 h，获得球形的NCM811层状结构的正极材料。

实验结果与处理

（1）试样的晶体结构通过XRD测定。在$2\theta=10° \sim 120°$条件下扫描，使用配有Cu Kα放射源和石墨单色器的衍射仪（Rigaku D/Max-2500 V/PC）记录，以0.02°/s的速度扫描，并在40 kV和200 mA下检测。

（2）利用SEM联用EDS分析样品的微观形貌及元素类型。

注意事项

（1）实验过程中所用到的各类盐较多，一定待其完全溶解在水中再进行后续操作。

（2）溶液的pH值大小对最终产物组成有重要影响，一定选用有效位数适宜的pH计完成检测，切勿使用pH试纸。

（3）反应过程中通入氮气时应将导管插入反应液内，反应开始前10 min应调节较大的气泡量，反应开始后减小气泡量。

思　考　题

（1）为什么锂离子正极材料中镍元素的比例远高于其他两个元素？

（2）本实验中所制备的NCM811是单相沉淀还是混合物沉淀，如何判断？

（3）试比较共沉淀法的优缺点，举例说明还有哪些无机材料可以采用共沉淀法制备？

（4）为什么反应过程中需要通入氮气，如何判断离子是否清除干净？

（5）在制备正极材料过程中，为何要通入氧气？

参 考 文 献

[1] 黄丹，罗诗健，张鹏骞，等．锂离子电池高镍三元正极材料前驱体制备工艺的研究［J］．广东化工，2023，50（13）：4-10.

实验 1-3　水热法制备纳米 $NiCo_2S_4$

实验目的

（1）掌握水热法制备纳米 $NiCo_2S_4$ 的基本原理与过程。

（2）学会使用高压反应釜，了解其工作原理。

（3）熟悉 XRD、SEM-EDS、透射电子显微镜和纳米激光粒度仪基本工作原理和分析方法。

实验原理

水热法是在液相中制备纳米颗粒的方法。将无机或有机化合的前驱物在 100～350 ℃和高气压环境下与水化合，通过对加速渗析反应和物理过程的控制，得到改进的无机物，再经过过滤、洗涤、干燥等过程，得到纯度高、粒径小的各类纳米颗粒。

水热法可以采用密闭静态和密闭动态两种不同的实验环境进行。密闭静态方法是将作为前驱物的金属盐溶液或其沉淀物放入密闭的高压反应釜内后加温，密闭静态方法的特点是在高压反应釜内加入磁性搅拌子，在静止状态下经过较长时间保温和内部搅拌，完成反应。密闭动态方法是金属盐溶液或其沉淀物放入密闭的高压反应釜后，将高压反应釜置于电磁搅拌器上，启动搅拌，在搅拌下加温和保温，这种动态反应条件将大幅加快反应和合成的速率，获得高质量的产物。图 1-2 为一种冷封自紧式高压反应釜示意图。

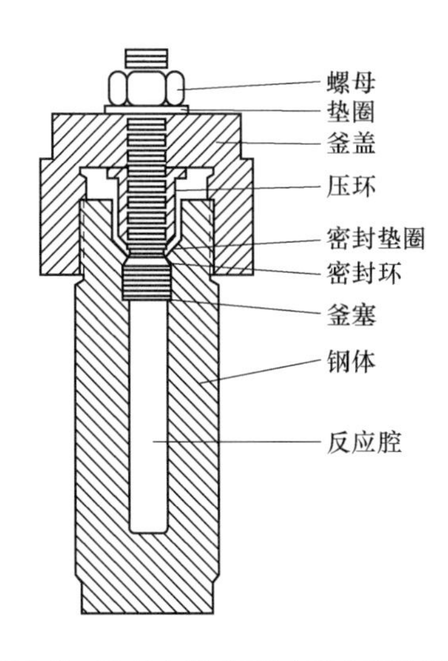

图 1-2　冷封自紧式高压反应釜示意图

实验原料与仪器

（1）原料：$Ni(NO_3)_2 \cdot 6H_2O$、$Co(NO_3)_2 \cdot 6H_2O$、硫脲、乙二醇、无水乙醇、去离子水。

（2）仪器：高压反应釜、真空烘箱、电子天平、离心机、磁力搅拌器、XRD、SEM-EDS、透射电子显微镜（TEM）、纳米激光粒度仪。

实验过程与步骤

将 1 mmol 的 $Ni(NO_3)_2 \cdot 6H_2O$、2 mmol 的 $Co(NO_3)_2 \cdot 6H_2O$ 和 6 mmol 的硫脲剧烈搅拌溶解在 60 mL 乙二醇溶液中，置于高压反应釜中，于 180 ℃下保温 24 h，待冷却后离心分离，用去离子水、无水乙醇依次分别洗涤，烘箱中干燥 6 h，获得 $NiCo_2S_4$。

实验结果与处理

（1）利用 XRD 表征材料的晶体结构。

（2）利用 SEM-EDS 分析材料的表面微观形貌与元素分布。

（3）利用 TEM 观察所制备电极材料的微观形貌和结构。

（4）利用纳米激光粒度仪分析产物粒径大小与分布。

注意事项

（1）水热反应所用到的溶剂至关重要，选择依据必须经过前期调研和不断尝试后方可使用，切勿使用纯的强挥发、低沸点的剧毒溶剂，可考虑以水为稀释剂，按照一定比例制备成混合溶剂使用，否则会有爆炸危险。

（2）硫脲在分解过程中会有 H_2S、NH_3 等有毒和刺激性气体产生，需要在人少、通风良好的环境中完成，并且要求实验人员配备防护措施。

（3）本实验产物具有一定磁性，在利用 TEM 检测时务必告知测试员。

思　考　题

（1）乙二醇作为溶剂的优点是什么，常用作水热反应的溶剂还有哪些？

（2）如何证明产物就是目标产物，是否会得到硫化镍、硫化钴？

（3）从原理和表征结果上分析 SEM 与 TEM 的区别是什么？

（4）纳米激光粒度仪测试结果是否与 SEM 或 TEM 结果相一致，为什么？

（5）试分析双金属化合物相较单金属在电化学性能上有何优势？

参 考 文 献

[1] 樊凯．地肤生物质多孔炭及其复合材料的制备与电化学性能研究［D］．西安：西安建筑科技大学，2023.

实验 1-4 溶剂热法制备纳米 CdS

实验目的

（1）熟悉溶剂热法制备纳米 CdS 的基本原理与工艺过程。
（2）理解溶剂热法影响 CdS 性能的关键因素。

实验原理

1. 溶剂热法制备纳米材料的基本原理

溶剂热法的基本原理与水热法类似，只是采用有机溶剂代替水作为反应媒介。采用非水溶剂代替水，可以极大地扩展水热技术的应用范围。非水溶剂在溶剂热反应过程中作为一种化学组分参与反应，既是溶剂，又是矿化剂，同时还是传递压力的介质。非水溶剂处于近临界状态下，能够发生大气条件下无法实现的反应，并生成具有亚稳态结构的材料。

在溶剂热反应中，一种或几种反应前驱物可溶解在非水溶剂中，在液相或超临界条件下，反应前驱物分散在溶液中进行反应，产物缓慢生成。该过程相对简单，较易于控制。在密闭体系中进行反应，一方面可以有效地防止有毒物质的挥发，另一方面有利于制备对空气敏感的前驱物。此外，采用此方法可以有效地控制产物的物相、粒径大小、形貌和分散性。目前，采用溶剂热法已实现在较低温度下可控制备多种碳化物、氮化物、硫化物、砷化物、硒化物和碲化物等非氧化物体系的纳米材料。

2. 溶剂热法常用的反应溶剂

溶剂热反应中常用的有机溶剂包括有机胺、醇、氨、四氯化碳和甲苯等。其中，使用最多的溶剂是乙二胺。乙二胺除了用作溶剂外，还可作为配位剂和螯合剂。乙二胺中氮具有强螯合作用，能够先与离子生成稳定的配离子，然后配离子再缓慢地与反应物反应生成最终的产物。此外，具有还原性质的甲醇、乙醇等作为溶剂时，还可以作为还原剂参与反应。

在溶剂热反应过程中，溶剂本身的性质（如密度、黏度、分散作用等）会发生明显的变化，与通常条件下相差很大，使得反应前驱物在其中的化学反应活性、溶解度、分散性显著提高，促使其在较低温度下就能够发生化学反应。同时，采用溶剂热法制备出的纳米粉体，能够有效地避免表面羟基的存在，减少产物团聚现象的发生。

因此，在溶剂热反应中，选用合适的反应溶剂，同时调节反应条件（温度、时间、添加剂等），可以实现可控合成具有一定形貌、粒径大小均匀、分散性良好的纳米材料。

3. 溶剂热法制备纳米材料的特点

与水热法相比，溶剂热法制备纳米材料具有如下优势。
（1）在有机溶剂中进行的反应能够有效抑制产物的氧化过程或水中氧的污染。
（2）非水溶剂的采用使得溶剂热法的可选择原料范围扩大。
（3）由于有机溶剂的沸点低，在同样的条件下，它们可以达到比水热合成更高的气压，从而有利于产物的结晶。

（4）由于较低的反应温度，反应物中结构单元可以保留到产物中，且不受破坏。同时，有机溶剂的官能团与反应物或产物作用，可以生成某些新型的在催化和储能方面有潜在应用的材料。

（5）非水溶剂本身的特性有助于认识化学反应的实质与晶体生长的特性。

实验原料与仪器

（1）原料：四水合硝酸镉、硫脲、硫代乙酰胺、乙二胺、乙二醇、无水乙醇、去离子水。

（2）仪器：高压反应釜、电子天平、磁力搅拌器、真空烘箱、离心机、XRD、SEM-EDS、TEM。

实验过程与步骤

1. 配制前驱溶液

（1）将 1.5 mmol 四水合硝酸镉加入 30 mL 的乙二胺中，并持续搅拌 30 min，直至完全溶解。

（2）将 3 mmol 的硫脲加入上述混合溶液中，继续搅拌直至全部溶解，得到澄清的反应前驱溶液。

2. 溶剂热反应

（1）将上述反应前驱溶液转移至 50 mL 的带聚四氟乙烯内胆的高压反应釜中，拧紧密封，将其转移至恒温加热箱中，在 180 ℃条件下反应 12 h。

（2）待高压反应釜自然冷却至室温后，取出高压反应釜底部的沉淀产物，依次用无水乙醇和去离子水离心洗涤若干次，然后在 60 ℃的恒温加热箱中干燥 6 h，收集最终产物。

（3）调控反应溶剂和硫源，进行两组对比实验。对比实验 1：采用乙二醇替换乙二胺。对比实验 2：采用硫代乙酰胺代替硫脲。研究溶剂热反应中不同反应溶剂和硫源对 CdS 纳米材料结构和形貌的影响。

实验结果与处理

（1）利用 XRD 对所制备的 CdS 纳米材料进行物相分析。

（2）利用 SEM-EDS 和 TEM 对 CdS 纳米材料的形貌与尺寸进行观察。

（3）分析不同反应溶剂和硫源对 CdS 纳米材料的结构与形貌的影响。

注意事项

（1）如果部分实验器皿长时间未使用或有其他残留物，清洗时需要依次加入洗涤剂、去离子水、无水乙醇，保证实验过程中没有其他杂质引入。

（2）高压反应釜放入恒温加热箱前，要仔细检查，确认高压反应釜密封良好，防止加热过程中反应溶液溢出。

（3）实验过程中应记录几个重要时间节点：放入烘箱的时间、取样时间、烘干时间等。

（4）样品离心时应将样品对称放置，且尽量让每一支离心管中的溶液体积相等，保证充分离心，同时避免离心过程中发生意外。

（5）样品离心时应根据产物状态，调整离心机合适的转速以及离心时间，尽量使离心后的样品沉积在溶液底部，保证离心充分。

（6）量取少量或微量试剂时，不能直接用量筒量取，要使用规格合适（0 ~5 mL）的移液枪进行量取。

（7）本实验必须按照单一变量的原则来确定实验中拟调控的反应参数，按照化学计量比配比反应前驱物。

思 考 题

（1）溶剂热法的特点是什么？

（2）溶剂热法制备 CdS 纳米材料的过程中，哪些因素会影响最终产物？

（3）在本实验中，反应溶剂对最终产物的结构与形貌有哪些影响？

（4）根据实验结果，推测溶剂热反应过程中 CdS 纳米材料的生长机理。

参 考 文 献

[1] 刘漫红．纳米材料及其制备技术 [M]．北京：冶金工业出版社，2014.

实验 1-5 溶胶-凝胶法制备纳米 TiO_2

实验目的

（1）掌握溶胶-凝胶法制备 TiO_2 纳米材料的基本原理与工艺过程。

（2）观察并分析不同实验条件下制备的 TiO_2 结构与形貌。

实验原理

1. 基本原理

溶胶-凝胶法是应用胶体化学原理制备无机材料的一种液相化学法，是指金属有机或无机化合物经过溶液水解直接形成溶胶或经解凝形成溶胶、凝胶而固化，再经热处理（干燥、烧结）而形成氧化物或其他化合物的方法。

通常溶胶-凝胶过程根据原料的种类可分为有机途径和无机途径两类。

有机途径通常是以金属有机醇盐为原料，通过水解与缩聚反应而制得溶胶，并进一步缩聚而得到凝胶。金属有机醇盐的水解和缩聚反应如图 1-3 所示（M 为金属；R 为有机基团，如烷基）。

水解：$M(OR)_4 + nH_2O \longrightarrow M(OR)_{4-n}(OH)_n + nHOR$

缩聚：$2M(OR)_{4-n}(OH)_n \longrightarrow [M(OR)_{4-n}(OH)_{n-1}]_2O + H_2O$

总反应式表示为

$$M(OR)_4 + 2H_2O \longrightarrow MO_2 + 4HOR$$

图 1-3 溶胶-凝胶法制备金属氧化物原理图

加热凝胶去除有机溶液即可得到金属氧化物超微粒子。

无机途径的原料一般为无机盐，价格低，比有机途径更有前景。溶胶可通过无机盐的水解来制得，即：$M^{n+} + nH_2O \rightarrow M(OH)_n + nH^+$。

2. 基本实验方法

溶胶-凝胶法制备纳米材料一般包括制备溶胶、溶胶-凝胶转化、凝胶的干燥和凝胶的热处理这四个基本工艺过程，如图 1-4 所示。

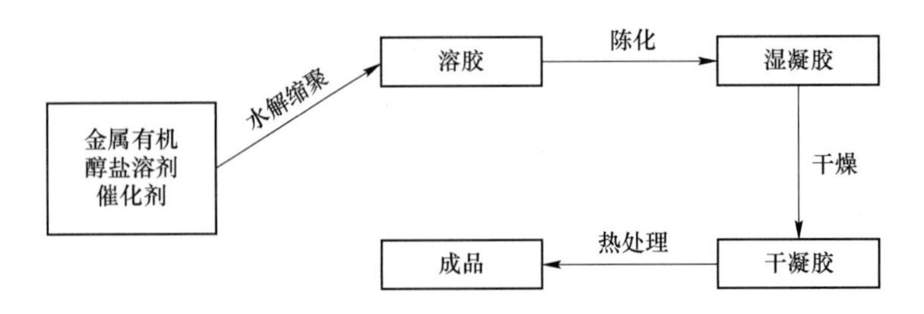

图 1-4 溶胶-凝胶法的基本工艺过程

（1）制备溶胶。首先，将反应原料分散在溶剂中。因为金属有机醇盐在水中的溶解度不大，一般选取醇作为溶剂，如无水乙醇。然后，向溶液中加入适量的水，得到金属有机醇盐和水的均相溶液，以保证水解反应在分子水平上进行。同时，为了控制水解速率，常在溶液中加入络合剂或抑制剂，如乙酰丙酮、乙二醇胺、冰醋酸等。为保证分散均匀，制备过程中要对溶液进行快速搅拌。调控水解过程中溶液的pH值、加水量、溶剂量和水解温度等，最终形成溶胶。实验中常用盐酸和氨水作为pH调节剂。加水量的多少要根据实验目的来确定，加大量水有助于金属有机醇盐充分水解形成离子溶胶，而加少量水使得水解产物与未水解醇盐分子可以继续聚合形成聚合溶胶。

（2）溶胶-凝胶转化。溶胶经过陈化可以得到湿凝胶。在陈化过程中，随着溶胶中溶剂的蒸发以及缩聚反应的进行，粒子的平均粒径增大，三维网格结构慢慢形成，溶胶的流动性逐渐降低，逐渐向凝胶转化。陈化的程度可根据实验目的而确定，如果需要提拉涂膜，陈化的程度要轻一些，而对于制备粉末材料，则可以陈化得重一些。

（3）凝胶的干燥。在一定条件下（如加热）蒸发溶剂，得到干凝胶。湿凝胶内包裹着大量溶剂和水，在干燥过程中，溶剂和水从体系中挥发，产生应力，且分布不均，容易使凝胶收缩甚至开裂，因此要严格控制其挥发速度，降低凝胶收缩和开裂程度。

（4）干凝胶的热处理。热处理过程可以消除干凝胶中的气孔，使得产物的相结构和形貌满足材料的性能要求。由于不同结构的纳米材料具有不同的热稳定性，根据实验目的可在不同温度下进行热处理，最终制备出所需的纳米材料。

3. 溶胶-凝胶法制备纳米材料的特点

（1）化学组分均匀。原料被分散到溶剂中得到反应溶液，各组分在分子水平混合，便于获得均相多组分体系，使得产物能够在分子水平上达到高度均匀。

（2）纯度高。溶胶的前驱物可以提纯，保证了原料的纯度。溶胶-凝胶过程可以在低温下可控进行，不需要机械研磨等过程，制备过程中引入的杂质较少，因而制备的材料纯度较高。

（3）反应条件温和，操作温度较低，制备过程易于控制，可以制备出传统方法无法实现的多种纳米材料。

（4）具有溶胶-凝胶的流变性质，易于结合旋涂、提拉、浸渍、喷射等技术手段制备出块状、棒状、管状、粒状、纤维、薄膜等各种纳米材料。

（5）工艺操作简单，无须使用昂贵的设备，易于工业化生产。

尽管溶胶-凝胶法制备纳米材料具有诸多优点，且已有一些工业化生产，但仍存在一定的局限性。该方法所使用的原料价格比较高，多为有机物，对健康有害；整个溶胶-凝胶过程通常需要几天或几周的时间，制备工艺周期较长；凝胶中存在大量的微孔，干燥过程中由于溶剂和水的挥发，材料内部会产生收缩应力，导致材料脆裂。

实验原料与仪器

（1）原料：钛酸四丁酯、冰醋酸、浓盐酸、无水乙醇、去离子水。

（2）仪器：磁力搅拌器、烘箱、马弗炉、XRD、SEM-EDS。

实验过程与步骤

（1）量取 10 mL 钛酸四丁酯，在磁力搅拌下缓慢滴入 35 mL 无水乙醇中，混合均匀，得到黄色澄清的反应溶液 A。

（2）在磁力搅拌条件下，将 10 mL 去离子水和 4 mL 冰醋酸加入 35 mL 无水乙醇中，得到反应溶液 B。向反应溶液 B 中滴入 1 ~ 2 滴浓盐酸，调节反应溶液的 pH 值至小于等于 3。

（3）将上述反应溶液 A 缓慢滴入反应溶液 B 中，得到浅黄色反应混合液。然后将该反应混合液置于 40 ℃ 恒温水浴中，反应 4 h 后得到白色凝胶。

（4）将白色凝胶置于 80 ℃ 烘箱中烘干 20 h，得到黄色晶体，研磨，得到淡黄色粉末。

（5）将淡黄色粉末在不同的温度下（200 ℃、300 ℃、400 ℃、500 ℃、600 ℃、700 ℃、800 ℃、900 ℃）进行热处理 4 h，得到最终的 TiO_2 纳米材料。

实验结果与处理

（1）利用 XRD 对产物进行表征，通过不同热处理温度下 TiO_2 纳米材料的结构变化特征，分析产物中锐钛矿和金红石的相含量和晶粒大小。

（2）利用 SEM-EDS 对产物进行表征，分析热处理温度对 TiO_2 纳米材料结构的影响规律。

注意事项

（1）为保证初始溶液的均相性，在配制反应溶液 A 和反应溶液 B，以及把反应溶液 A 滴入反应溶液 B 时，均需要缓慢滴入，并施以强烈搅拌。

（2）恒温水浴加热处理得到的白色凝胶，要保证倾斜烧瓶凝胶不流动。

思　考　题

（1）溶胶-凝胶法制备纳米材料过程中需要注意的要点有哪些？

（2）溶胶-凝胶法中，如何选择金属有机醇盐？

（3）热处理温度对 TiO_2 的结构和形貌有什么影响？

参 考 文 献

［1］黄金开．纳米材料的制备及应用［M］．北京：冶金工业出版社，2009.

实验 1-6 微乳液法制备纳米 ZnO

实验目的

（1）掌握微乳液法制备 ZnO 纳米粒子的基本原理与实验过程。

（2）了解各类因素对 ZnO 纳米粒子的物性参数以及功能特性的调控机理。

（3）熟悉 XRD、SEM、动态激光光散射仪、紫外-可见分光光度计的工作原理与操作方法。

实验原理

微乳液通常是由表面活性剂、助表面活性剂、油和水或电解质水溶液组成的透明的、各向同性的热力学稳定体系。如图 1-5 所示，在体系中，微小的水滴被表面活性剂和助表面活性剂所组成的单分子膜所包围而形成微乳液滴，其大小可控制在 10 ~ 200 nm。这种特殊的微环境，已被证明是多种化学反应（如酶催化反应、聚合物合成、金属离子与生物配体的络合反应等）的理想介质。

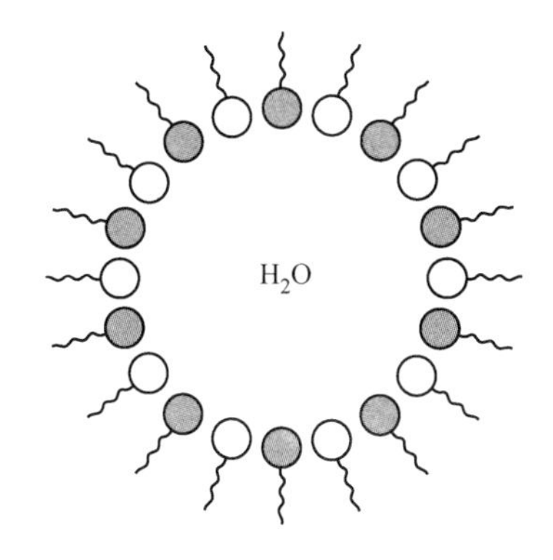

图 1-5 W/O 微乳液的微观结构

微乳液滴在微乳液中不断地作布朗运动。其界面处的表面活性剂和助表面活性剂的碳氢链在不同液滴碰撞的过程中可以相互渗入。因此微乳液滴可以作为一个微反应器，其中的物质在碰撞的过程中可以穿过有机界面进行交换，并进一步发生化学反应，机理见图 1-6。

本实验将制备纳米 ZnO 所使用的硫酸锌水溶液和氢氧化钠水溶液通过相同的质量配比，制成两种微乳液，而后将其快速混合，在混合的过程中，微乳液滴间发生物质交换，从而不断生成氢氧化锌。由于微乳液滴界面的作用，氢氧化锌生长的大小受到限制，将以纳米粒子的形式分散在体系中。

实验原料与仪器

（1）原料：十六烷基三甲基溴化铵（CTAB）、正丁醇、正辛烷、无水乙醇、丙酮、氢氧化钠、硫酸锌、甲基橙、去离子水。

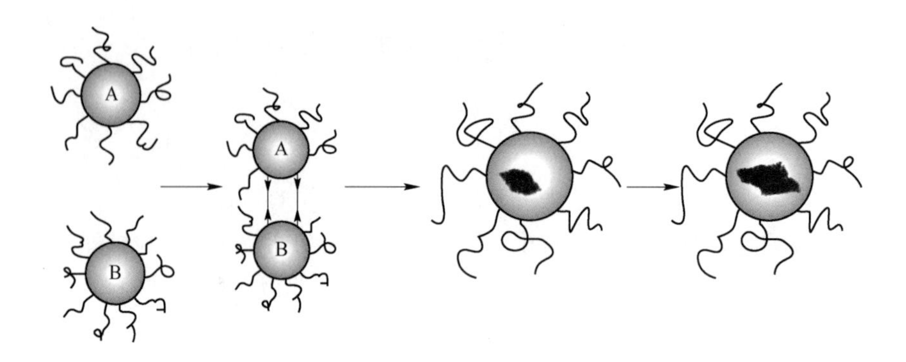

图 1-6 微乳液反应机理

（2）仪器：磁力搅拌器、离心机、烘箱、马弗炉、氙灯、超级恒温水浴、电子天平、SEM、XRD、动态激光光散射仪、紫外-可见分光光度计。

实验过程与步骤

1. 微乳液的制备与表征

向 250 mL 烧杯中加入 3.22 g CTAB、4.8 mL 正丁醇和 20 mL 正辛烷，室温搅拌混合均匀。将 3.8 mL(0.5 mol/L) 硫酸锌水溶液缓慢滴加到上述混合物中，充分搅拌混合制成透明的硫酸锌微乳液 M1。

向 250 mL 烧杯中加入 6.44 g CTAB、9.6 mL 正丁醇和 40 mL 正辛烷，室温搅拌混合。然后将 7.6 mL(0.5 mol/L) 氢氧化钠水溶液缓慢滴加到上述混合物中，充分搅拌混合制成透明的氢氧化钠微乳液 M2。

对上述两种微乳液进行动态光散射测试。

2. 纳米 ZnO 的制备与表征

将硫酸锌微乳液和氢氧化钠微乳液室温稳定 30 min 后分三组进行制备实验。详细步骤如下：

第一组，将微乳液 M2 快速加入微乳液 M1 中，并于恒温下搅拌反应 1 h。

第二组，将微乳液 M1 快速加入微乳液 M2 中，并于恒温下搅拌反应 1 h。

第三组，将微乳液 M1 与 M2 同时加入 100 mL 正辛烷中，并于恒温下搅拌反应 1 h。

搅拌结束后，将三组体系陈化 30 min 后除去上层清液，将浊液于 7500 r/min 下离心 10 min。沉淀物分别用无水乙醇、丙酮和去离子水洗涤。所得固体在烘箱中干燥除水，然后用马弗炉在 550 ℃下焙烧 1 h，所得产物为纳米 ZnO 颗粒。第一组产物记作 ZnO(a)；第二组产物记作 ZnO(b)；第三组产物记作 ZnO(c)。

采用 SEM 与 XRD 对产物形貌和晶相组成进行表征。

3. 光催化性能测试

将 50 mg 纳米氧化锌固体粉末加入 50 mL(20 mg/L) 的甲基橙溶液中，得到的悬浮液在暗处搅拌 30 min 以达到甲基橙在催化剂表面的吸附解吸平衡。使用氙灯照射浊液，等光照时间间隔取悬浮液，离心分离后上清液用紫外-可见分光光度计测量吸光度，测试波长设定为 465 nm。

实验结果与处理

（1）通过动态激光光散射仪对微乳液滴大小进行检测。

（2）对比 ZnO(a)、ZnO(b)、ZnO(c) 的 XRD 和 SEM 结果。

（3）绘制 ZnO(a)、ZnO(b)、ZnO(c) 降解甲基橙的 $\ln(c_t/c_0)$ 与反应时间 t 的关系曲线，说明反应动力学级数，判断反应速率常数关系，说明三种类型 ZnO 晶粒尺寸与降解速率之间的关系。

注意事项

（1）光催化性能测试中采用的氙灯可以发出紫外波段的耀眼强光，对眼睛有刺激作用，长时间接触会导致皮肤癌发病率增高。如果在照射时观测、取放试样，建议佩戴墨镜和手套，加强操作人员的防护措施。

（2）本实验采用油包水即 W/O 的方式获得了纳米颗粒，如果换成水包油的方式影响纳米粒子晶相结构、微观形貌和粒径分布以及性能方面，同样可参考本实验的思路设计。

思　考　题

（1）硫酸锌微乳液与氢氧化钠微乳液混合时，若将“快速混合”改为“缓慢滴加”对实验结果有影响吗，为什么？

（2）实验室一般采用什么方式确定化合物的大致焙烧温度范围，本实验中，焙烧温度和时间不同对纳米 ZnO 的粒径、形貌有什么影响？

（3）微乳液的形成过程中，助表面活性剂有什么作用，表面活性剂过多或过少分别对实验有什么影响？

（4）洗涤步骤中，乙醇、丙酮、去离子水的作用分别是什么，如果改为“乙醇、去离子水多次洗涤”会导致什么后果？

（5）为什么纳米 ZnO 加入甲基橙溶液后，需在暗处搅拌至吸附解吸平衡再进行下一步实验，如果不进行这一步，会产生什么影响？

（6）影响纳米粒子光催化性能的因素有什么，分别可以通过什么方式控制与优化其光催化性能？

（7）如何解释不同产物间光催化活性的差异？

参 考 文 献

[1] 江梓键，刘雨昂，宗毅健，等．微乳液法制备纳米氧化锌及其光催化性能探究［J］．大学化学，2024，39（5）：266-273.

[2] 白永庆，龚福忠，李丹，等．微乳液的结构性质及其应用进展［J］．化工技术与开发，2007，36（11）：24-28.

[3] 沈兴海，高宏成．纳米微粒的微乳液制备法［J］．化学通报，1995（11）：6-9.

[4] 施利毅，华彬，张剑平．微乳液的结构及其在制备超细颗粒中的应用［J］．功能材料，1998，29（2）：136-139.

2 一维纳米材料制备与表征实验

实验 2-1 静电纺丝法制备 PVDF 纳米线

实验目的

（1）熟悉静电纺丝前驱体溶液的制备过程。

（2）掌握静电纺丝法制备纳米线的基本原理及工艺过程。

（3）学会分析工艺参数对纳米线形貌的影响规律。

实验原理

静电纺丝的装置结构主要有三部分：高压电源、喷丝头和收集装置。一般采用最大输出电压为 30 ~ 100 kV 的直流高压静电发生器来产生高压静电场。喷丝头为内径 0.5 ~ 2 mm 的毛细管或注射器针头，它的放置有几种方式：（1）垂直放置，这是最简单、采用最多的一种方式；（2）与收集装置保持一定的角度，这种方式能够更好地控制溶液的流速；（3）与收集装置平行放置，利用数控机械装置缓慢推动注射器将溶液挤压出来。

静电纺丝技术与传统纺丝技术有着明显的不同，即静电纺丝技术通过静电力作为牵引力来制备超细纤维。在静电纺丝工艺过程中，将前驱体溶液置于储液管中，并将储液管置于电场，当没有外加电压时，由于储液管中的溶液受到重力作用而缓慢沿储液管壁流淌，在溶液与储液管壁间的黏附力和溶液本身所具有的黏度和表面张力的综合作用下，形成悬挂在储液管口的液滴。

电场开启时，由于电场力的作用，溶液中不同的离子或分子中具有极性的部分将向不同方向聚集。即阴离子或分子中的富电子部分将向阳极的方向聚集，而阳离子或分子中的缺电子部分将向阴极的方向聚集。由于阳极插入前驱体溶液中，溶液的表面应该是布满受到阳极排斥作用的阳离子或分子中的缺电子部分，所以溶液表面的分子受到了方向指向阴极的电场力。而溶液的表面张力与溶液表面分子受到的电场力方向相反，当外加的电压所产生电场力较小时，电场力不足以使溶液中带电荷部分从溶液中喷出，这时储液管口原为球形的液滴被拉伸变长。继续加大外加电压，在外界其他条件一定的情况下，当电压超过某一临界值时，溶液中带电荷部分克服溶液的表面张力从溶液中喷出，这时储液管口的液滴变为锥形（被称为泰勒锥），在储液管顶端，形成一股带电的喷射流。喷射流发生分裂，之后溶剂挥发，纤维固化，并以无序状排列于收集装置上，形成类似非织造布的纤维毡（网或者膜），基本原理见图 2-1。

通过静电纺丝技术制得的纳米纤维材料，具有一维超长结构，拥有高比表面积、低孔

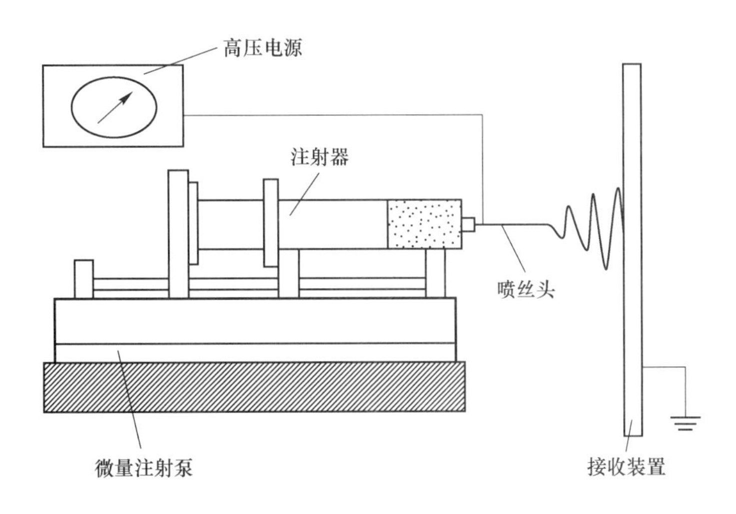

图 2-1　静电纺丝原理示意图

隙率以及高长径比，在宏观上呈现纤维网毡结构，具有一定的柔韧性能，有助于构建具有高分散性、大比表面积的三维开放微纳结构材料体系。因此，纳米纤维材料在新能源及环境保护、电子和光学纳米器件、生物医药、化学生物传感器件等多方面具有巨大的应用潜力。

实验原料与仪器

（1）原料：聚偏氟乙烯（PVDF，相对分子质量 600000）、N，N-二甲基甲酰胺（DMF）。

（2）仪器：电子天平、磁力搅拌器、静电纺丝机（见图 2-2）、扫描电子显微镜。

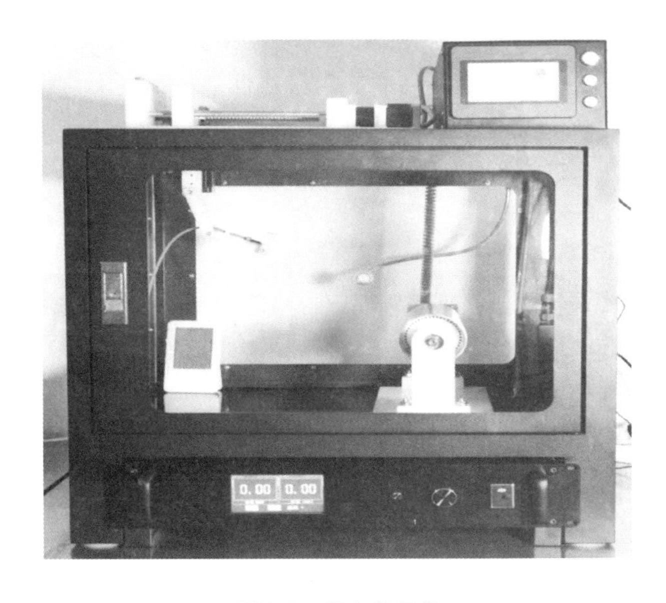

图 2-2　静电纺丝机

实验过程与步骤

1. 配置静电纺丝前驱体溶液

配制聚合物溶液，选择合适的前驱体溶剂，进行搅拌和溶解，制备静电纺丝前驱体溶液。采用电子天平分别称取一定量的 PVDF(质量分数为 5% ~15%) 和 6 mL DMF，将 PVDF 添加到 DMF 中，利用磁力搅拌器加热至 40 ℃并搅拌至 PVDF 完全溶解，得到不同浓度的 PVDF 纺丝液。将溶液静置 24 h 观察是否有分层，如无分层则可进行后续纺丝过程。

2. 开机前检查

使用静电纺丝机之前需查看高压电源的高压旋钮是否归零，如果没有归零，应旋至零位。纺丝区域内无纺丝残留物、杂物，喷头支架内无纺丝溶液残留，保持纺丝腔体内清洁、无杂物。

3. 准备工作

将喷头放置在喷头支架上，将供液管与纺丝针管、喷头连接。将喷头对准纺丝滚筒并调节至合适的接收距离，纺丝针管需放置在推进器上并夹紧。

4. 仪器开机及参数调节

（1）打开推进器控制面板的总开关，调节推进速度（0.6 ~1 mL/h）和工作时间之后按下启动按钮，检查喷头液滴是否正常流出。

（2）调节喷头与滚筒收集器的垂直距离（15 ~18 cm），按下滚筒控制器的按钮，查看滚筒旋转是否正常，缓慢旋转转速调节旋钮来控制滚筒工作转速。

（3）盖上纺丝腔体的盖子。在开启高压电源之前应调节高压旋钮至零位，查看线路接线是否完好。打开高压电源的红色开关，按下加压按钮，缓慢旋转电压旋钮使电压上升至 15 ~18 kV 工作电压，确定电压示数是否稳定。

5. 收集样品

将滚筒上带有纺丝产物的铝箔纸轻轻揭下，将薄膜与铝箔纸分离并装入试样袋中保存备用。清理纺丝区域内的残留物、杂物（纺丝残留液应用纸蘸取乙醇擦拭干净），保持纺丝机区域干净，无任何残留。

实验结果与处理

（1）记录实验中不同纺丝工艺参数，如电压、接收距离和推进速度下纺丝的效果，是否有液滴、出丝情况等。

（2）通过扫描电子显微镜对不同工艺参数下纳米线微观形貌进行表征分析。

注意事项

（1）高压电源最高能承受的工作电压为 24 kV，使用时不可超过这一电压。在纺丝工作中，如发现电火花，或听到声响，应立即关闭加压按钮，关停电源。

（2）在使用前应检查高压电源线路连接情况，查看是否接地；接触高压电源时必须全程佩戴绝缘手套。

（3）应每隔 30 min 查看喷头液滴是否正常流出，若喷头堵住，应在关闭高压电源与滚筒的情况下打开纺丝腔体的盖子，擦拭喷头使液滴重新流出才可继续纺丝。

（4）纺丝机连续工作时间不可超过 4 h，且工作期间必须有人看管。在使用纺丝机前后都应及时清理，保持纺丝腔体内无任何残留物。

（5）离开实验室之前需检查纺丝机电源是否处于关闭状态。

（6）纺丝过程中为防止有害气体挥发，须保持室内空气流通。

思 考 题

（1）静电纺丝法相比传统纺丝法的优势和局限性是什么？

（2）工艺参数对纳米线形貌的影响有哪些？

（3）如何改进实验方法，使得纳米线的制备更加精确和可控？

参 考 文 献

[1] 王策，卢晓峰．有机纳米功能材料：高压静电纺丝技术与纳米纤维［M］．北京：科学出版社，2015.

[2] 丁彬，俞建勇．静电纺丝与纳米纤维［M］．北京：中国纺织出版社，2011.

[3] BAUMGARTEN P K. Electrostatic spinning of acrylic microfibers［J］. Journal of Colloid & Interface Science，1971，36（1）：71-79.

实验2-2 模板法制备碳纳米管

实验目的

（1）掌握模板法制备碳纳米管的基本原理和方法。

（2）了解碳纳米管的形成机理。

（3）了解不同实验条件下制备的碳纳米管形貌特征。

实验原理

模板法是制备碳纳米管的有效方法之一，其基本原理为使用具有孔隙结构的模板，将碳源物质导入模板孔道中，经过热分解过程形成碳纳米管。

（1）模板的孔径和排列方式将影响最终碳纳米管的性质。常用的模板有两类：一类是多孔氧化硅模板，已成功实现在其孔外取向生长碳纳米管阵列；另一类则是多孔氧化铝（AAO）模板，AAO模板具有规整排列的孔洞结构，其孔洞尺寸和分布可以通过调节阳极氧化过程中的反应条件来控制。为了提高制备的碳纳米管质量，可以对模板进行表面处理，例如清洗、氧化或其他表面修饰方法。在一定范围内，提高氧化电压可以加速氧化膜的生长速度，电压增大，膜孔孔径增大，孔隙率降低，膜孔分布的有序性增强。

（2）碳源物质可以是有机物，也可以是金属有机物，具体的选择取决于实验的设计和所需的碳纳米管性质。

（3）热分解过程中，碳源物质经过裂解、重排、析出等反应逐渐形成碳纳米管。

（4）经过热分解后，需要将模板从碳纳米管中去除。这可以通过化学腐蚀、溶解等实现。去除模板后，得到裸露的碳纳米管。

在实验过程中，可以通过调控温度、反应时间、碳源物质的种类和浓度等参数，来控制碳纳米管的形貌和性质。

实验原料与仪器

（1）原料：铝片、丙酮、H_3PO_4、$HgCl_2$、$Ni(NO_3)_2$、NaOH、盐酸、草酸、铬酸、甲烷、高纯氮气。

（2）仪器：超声清洗机、石英管式炉、磁力搅拌器、XRD、SEM、TEM。

实验过程与步骤

将99.99%的铝片在丙酮中脱脂，分别采用0.1 mol/L酸洗和碱洗，在盐酸中进行电抛光处理，电流保持在1.0 A左右，接着在草酸中进行阳极氧化，保持一定电压，在333 K下铬酸中镀膜，然后二次阳极氧化2 h，于$HgCl_2$溶液中脱膜。

洗净后在H_3PO_4溶液中扩孔。将其在60 ℃下1 mol/L的$Ni(NO_3)_2$溶液中直接浸渍2 h，再用N_2吹干。将浸渍好Ni盐的模板放入石英舟，装入水平的石英管中，随后在管式炉中N_2的保护下升温到973 K，用H_2还原，然后升温到1073 K，以60 mL/min的流速通入CH_4，反应1 h，即得到碳纳米管。

实验结果与处理

（1）将样品用乙醇稀释，用超声波振荡分散，滴在铜网上晾干，采用 TEM 对碳纳米管的形貌结构进行表征。

（2）通过 SEM 对碳纳米管进行观测，记录样品的直径，长度和微观形貌。采用 XRD 表征碳纳米管物相组成。

注意事项

（1）选择合适的 AAO 模板，确保其具有均匀且适当尺寸的孔洞结构。

（2）在使用 AAO 模板之前，进行适当的预处理，例如清洗和表面修饰，以提高模板的质量和表面活性。

（3）在实验过程中应注意通入气体的流量，不宜过大，不能使气体堵塞管道。

（4）合理选择碳源物质，可以是有机物或金属有机物，确保其适应所需的碳纳米管性质。在导入碳源物质时，确保其均匀地填充 AAO 模板的孔洞，以避免制备过程中的不均匀性。

（5）在实验过程中应注意控制热分解的温度和时间，以确保碳源物质在模板中均匀裂解并形成碳纳米管。

思　考　题

（1）模板法制备碳纳米管的优势是什么？

（2）不同模板材料对碳纳米管性质有何影响？

（3）如何改进实验方法，以获得更高质量的碳纳米管？

参 考 文 献

［1］魏任重，李凤仪．多孔氧化铝模板法制备碳纳米管［C］//2006 年全国功能材料学术年会专辑会议论文集．2006：789-791.

实验 2-3 水热法制备 TiO_2 纳米管

实验目的

（1）掌握水热法制备 TiO_2 纳米管的基本原理和方法。

（2）了解 TiO_2 纳米管的生长机理。

（3）了解不同实验条件对 TiO_2 纳米管微观结构的影响规律。

实验原理

水热法是在特制的密闭反应容器（高压反应釜）里，采用水溶液作为反应介质，通过加热反应容器，创造一个高温（100～1000 ℃）、高压（1～100 MPa）的反应环境，使得通常难溶或不溶的物质溶解并重结晶。目前，水热法已被广泛地应用于材料制备、化学反应。

水热法晶体生长主要是利用高压反应釜上下部分溶液之间存在的温度差，使高压反应釜内溶液产生强烈对流，从而将高温区的饱和溶液带到放有籽晶的低温区，形成过饱和溶液。因此，根据经典的晶体生长理论，水热条件下晶体生长包括以下步骤：

（1）前驱体在水热介质里溶解，以离子、分子团的形式进入溶液（溶解阶段）；

（2）由于体系中存在十分有效的热对流及溶解区和生长区之间的浓度差，这些离子、分子或离子团被输送到生长区（输运阶段）；

（3）离子、分子或离子团在生长界面上吸附、分解与脱附；

（4）吸附物质在界面上运动；

（5）结晶。

水溶液中晶体的生长可以分为成核和生长两个过程。晶体的成核大体可分为两种形式：初级均相成核和初级非均相成核。初级均相成核是指溶液在过高的饱和度下，通过离子缔结，自发形成晶核的过程；初级非均相成核是指溶液在外来物质（杂质或其他固相表面）的诱导下，以外来物种为晶种，沉淀成核的过程。

TiO_2 作为最早研究的 n 型半导体光催化剂，在环境净化、产氢、还原 CO_2、有机合成、太阳能电池等领域有着广泛的应用。TiO_2 具有价格低、化学性质稳定、无毒、环境友好等优点，是理想的模型催化剂。水热法合成 TiO_2 纳米管，通过 TiO_2 纳米颗粒与 NaOH 溶液在水热反应中先转变成一种中间态——纳米片，然后纳米片发生螺旋式卷曲形成纳米管。在水热反应过程中，Ti—O—Ti 化学键被 NaOH 溶液破坏，使得部分 Ti^+ 和 Na^+ 发生离子交换生成新的化学键（Ti—O—Na）。酸处理过后，再进一步用去离子水洗涤处理，在酸洗的过程中，H^+ 取代了 Na^+ 形成 Ti—OH 化学键，而后在干燥过程中转变成 Ti—O—Ti 键或 Ti—OH—O—Ti 键，使化学键之间的距离减小，促进了纳米片发生卷曲折叠；另外，Ti—O—Na 化学键之间的静电排斥使得结构能够稳定在纳米片的阶段而不进一步形成纳米管。

实验原料与仪器

（1）原料：二氧化钛粉末、氢氧化钠、盐酸、去离子水。

（2）仪器：高压反应釜、磁力搅拌器、烘箱、离心机、X 射线衍射仪（XRD）、扫描电子显微镜（SEM）。

实验过程与步骤

将 5 g TiO_2 粉末加入 10 mol/L 的 NaOH 溶液中进行磁力搅拌 0.5 h，搅拌均匀后将前驱体溶液倒入 100 mL 聚四氟乙烯反应釜内衬中，拧紧盖子，再放入金属外壳内。将反应釜放入烘箱中，采用不同反应温度（120 ℃，140 ℃及 160 ℃），进行水热反应 24 h。自然冷却后，先用去离子水洗涤反应沉淀物，然后用 0.1 mol/L 的 HCl 溶液洗至 pH 值接近 7，再用此浓度的盐酸置换钠离子 10 h，最后用去离子水洗涤至 pH 值接近 7，经离心分离，得到产物并于 80 ℃下烘干。

实验结果与处理

（1）利用 X 射线衍射仪对不同水热反应温度下获得的 TiO_2 进行物相分析。

（2）采用扫描电子显微镜对产物进行微观形貌表征，分析不同水热反应温度对 TiO_2 纳米管微观结构的影响规律。

注意事项

（1）注意实验安全，切勿触碰高温状态下的反应釜。

（2）使用反应釜需严格按照规范要求进行操作。

（3）使用浓酸、浓碱时，做好防护措施，严格在通风橱下操作。

思考题

（1）水热反应温度对 TiO_2 纳米管的形成有何影响？

（2）水热法制备 TiO_2 纳米管的优缺点是什么，还有哪些制备方法？

参考文献

[1] 张勇，王友法，闫玉华. 水热法在低维人工晶体生长中的应用与发展［J］. 硅酸盐通报，2002（3）：22-26.

[2] 韦秋芳，陈拥军. 一步法水热合成 TiO_2 纳米线及其光催化性能［J］. 高等学校化学学报，2011，32（11）：2483-2489.

[3] 蒋雯，王韬，蔡颖，等. 一步法水热合成 TiO_2 纳米带及其对罗丹明 B 的光催化降解［J］. 广东化工，2017，44（15）：58-60.

[4] 汪静茹，李文尧，姚宝殿. 水热法制备二氧化钛纳米管：形成机理、影响因素及应用［J］. 材料导报 A（综述篇），2016，30（5）：144-152.

实验2-4 溶剂热法制备 Ag 纳米线

实验目的

（1）掌握溶剂热法制备 Ag 纳米线的基本原理和方法。

（2）学会分析不同实验条件对 Ag 纳米线形貌的影响规律。

实验原理

溶剂热法是一种通过在有机溶剂中进行热处理，将金属盐还原为纳米结构的方法。在制备 Ag 纳米线的实验中，该方法可以有效地控制纳米线的形貌和尺寸。该方法选择具有还原性的有机溶剂（如乙二醇、甘油等），在高温高压条件下，将银源中的银离子还原成银原子，在表面活性剂如聚乙烯吡咯烷酮的诱导下银原子定向生长成 Ag 纳米线。以下是溶剂热法制备 Ag 纳米线的基本实验原理：

（1）金属盐的溶解和离子形成。选择一种含有 Ag 离子的金属盐，例如溴化银（AgBr）。这种金属盐在有机溶剂中溶解，形成含有 Ag 离子的溶液。溶解度的调节可以控制溶液中 Ag 离子的浓度。

（2）引入还原剂。在 Ag 纳米线的制备过程中，还原性的强弱直接决定还原反应的速率，间接决定了晶核生成的快慢。此外，为了减少工序和降低成本，在实际应用中大多选用一种物质作为溶剂和还原剂。在有机溶剂中，引入还原剂，如聚乙烯吡咯烷酮（PVP）。PVP 除了充当还原剂外，还在反应中充当表面活性剂，有助于调控 Ag 纳米线的形貌。

（3）热还原反应。将含有 Ag 离子和还原剂的溶液放入恒温槽中，通过升高温度触发热还原反应。在适当的温度下，还原剂发挥作用，将 Ag 离子逐渐还原成金属 Ag。这一过程是在有机溶剂中进行的。

（4）纳米线的形成机理。在热还原反应中，Ag 离子被还原为金属 Ag，由于 PVP 等表面活性剂的作用，金属 Ag 逐渐形成纳米线状结构。这是由于表面活性剂能够在形成的 Ag 纳米线表面起到模板作用，调控 Ag 纳米线的形貌，使其呈现出纤细的线状结构。

晶体的生长是一个逐步发展的过程，即先成核，然后再聚集生长，这需要一定的反应时间。而反应时间不仅影响 Ag 纳米线的形貌和生产效率，同时也对其能否规模化制备具有非常重要的作用。采用溶剂热法制备 Ag 纳米线的过程中，反应时间过短，大部分种子来不及长成 Ag 纳米线，产物中银颗粒等杂质含量较高；而反应时间过长，系统提供的能量过高，银纳米粒子发生晶型重整，非五重孪晶晶种比例增加，最终导致生成大量颗粒或块状物。此外，预热处理、搅拌速度等对 Ag 纳米线的成核和生长也有不同程度的影响。

溶剂热法具有操作安全、成本低、过程易控等优点，为金属纳米线的制备提供了一种切实可行的新方法。

实验原料与仪器

（1）原料：聚乙烯吡咯烷酮、乙二醇、葡萄糖、硝酸银、丙酮、无水乙醇、去离子水等。

（2）仪器：磁力搅拌器、烘箱、超声波清洗仪、反应釜、离心机、XRD、SEM。

实验过程与步骤

1. 实验过程

称取 0.444 g 的 PVP 溶于 12 mL 乙二醇中，置于超声波清洗仪中振荡至溶解完全，标记为 A 液。称取 0.136 g 硝酸银溶于 8 mL 乙二醇中，加入 0.02 g 葡萄糖，在磁力搅拌器上搅拌至完全溶解，标记为 B 液。将 A 液逐滴加入 B 液中，充分搅拌后倒入 25 mL 聚四氟乙烯内衬不锈钢反应釜中，反应温度 160 ℃、反应时间 4 h。反应结束后以 5 ℃/h 降温速率冷却至室温，取出反应物加入适量丙酮在离心机中以 5000 r/min 离心 10 min，再分别用无水乙醇和去离子水反复清洗数次以去除残余的乙二醇和 PVP，将沉淀物在 60 ℃真空干燥 2 h，即得到 Ag 纳米线。

2. 分析测试

将干燥后的样品研磨并置于载玻片的凹槽中进行压片处理，放入 XRD 测试。对所制备的 Ag 纳米线进行扫描电子显微镜（SEM）分析。

实验结果与处理

（1）采用 SEM 对产物进行微观形貌分析。
（2）通过 XRD 分析 Ag 纳米线物相组成。

注意事项

（1）在实验室中工作时，务必遵循实验室安全规定，佩戴适当的个人防护装备，如实验室外套、手套和护目镜，以防化学物品溅到身体上。处理含有 Ag 离子的金属盐时要注意，应采用适当的防护手套，避免直接接触皮肤。
（2）在通风良好的环境中操作，避免有机溶剂蒸气的吸入。远离明火和明火源。
（3）在引入还原剂（如 PVP）时，确保充分搅拌使其均匀分散在溶液中。在热还原反应中，应对温度进行严格控制。过高的温度可能导致反应过快，影响纳米线的形成和控制。
（4）控制热还原反应的时间，确保足够的反应时间，使得 Ag 离子能够充分还原为金属 Ag，形成理想的纳米线结构。
（5）清洗步骤非常关键，应使用适当的有机溶剂进行清洗，以去除未反应的溶剂、离子和其他杂质，确保纳米线的纯净度。

思　考　题

（1）溶剂热法相对于其他方法有何优势和局限性？
（2）实验条件（温度、还原剂浓度等）对 Ag 纳米线形貌的影响有哪些？
（3）如何进一步改进实验方法，以获得更理想的 Ag 纳米线？

参 考 文 献

[1] 刘裕堃，曹峰，胡超，等．银纳米线的溶剂热法制备及表征［J］．化学与生物工程，2017，34（7）：35-37，42.
[2] 郝喜才，杨贝，赵鑫玉，等．溶剂热法制备银纳米线研究进展［J］．化工新型材料，2022，50（11）：31-36.
[3] 赵平堂，凌文丹，李志攀，等．溶剂热法制备纳米线组成的片状硫化镉纳米结构［J］．河南科技，2017（21）：87-89.

实验 2-5　化学气相沉积法制备 SiC 纳米线

实验目的

（1）掌握化学气相沉积法制备 SiC 纳米线的基本原理及方法。

（2）了解 SiC 纳米线的生长机理。

实验原理

化学气相沉积（chemical vapor deposition，CVD）法是指在一定温度条件，混合气体之间或混合气体与基材表面相互作用，并在基材表面上形成金属或化合物的薄膜镀层，使材料表面改性，以满足耐磨、抗氧化、抗腐蚀以及特定的电学、光学和摩擦学等特殊性能要求的一种技术。CVD 技术是建立在化学反应基础上的，通常把反应物是气态而生成物之一是固态的反应称为 CVD 反应。CVD 法是生长纳米线常用方法之一，通过控制气体流量、温度、压力和催化剂等参数调控纳米线的微观形貌及物相组成。

化学气相沉积法是制备 SiC 纳米线的主要方法之一，具有反应温度低、组成可控性好、重复性好、结晶率和纯度高等优点。化学气相沉积法制备 SiC 纳米线的原理是，在特定的压力和温度下将硅源和碳源气化，并通过一定流量的载气，以适当的速度将它们输运至衬底表面形核并生长 SiC 纳米材料。CVD 法制备 SiC 纳米线主要有无催化剂 CVD 法和催化剂辅助 CVD 法。无催化剂 CVD 法制备 SiC 纳米线指在不添加任何催化剂的条件下，使用化学气相沉积系统或设备，只靠原料或源气体自身反应合成 SiC 纳米线，具有产物纯度较高和易分离的优点，该方法制备 SiC 纳米线以气-固（V-S）反应机理为主。催化剂辅助 CVD 法与无催化剂制备纳米线的 V-S 生长机理不同，在催化剂辅助下，反应速率得以提高，纳米线的成核和生长遵循气-液-固（V-L-S）机理。在一般的 V-L-S 过程中，反应始于气态反应物在催化剂金属纳米液滴中的溶解，然后是单晶一维纳米结构的成核和生长。催化剂液滴作为模板对纳米线的生长起着至关重要的作用，其能够有效控制合成直径均匀、结晶度好、质量高的 SiC 纳米线。纳米线生长所需的材料应与催化剂液滴具有良好的溶解度，在正常情况下，它们之间能够形成合金化合物。通常，催化剂辅助 CVD 法制备纳米线的典型特征是在产物端头处可以观察到液滴结构。

本实验选择金属盐催化剂辅助 CVD 法制备 SiC 纳米线，铁、钴、镍、镧、钾和镓等的金属盐常被用作化学气相沉积法制备 SiC 纳米线的催化剂。金属盐作为催化剂的主要机理在于：在高温下，金属盐分解出金属氧化物或直接分解出金属蒸气，金属氧化物在碳的还原下成为纳米金属颗粒，而金属蒸气也会凝结为纳米金属液滴或与 SiO 和 CO（或 Si 和 C）等反应形成合金液滴，纳米金属颗粒（液滴）和合金液滴成为 SiC 纳米线的优先成核位点。

图 2-3 为以硝酸铁为催化剂，通过化学气相沉积工艺直接在柔性碳纤维织物的表面上

生长 SiC 纳米线过程示意图。在高温下，硝酸铁首先分解为氧化铁和氮氧化物，然后体系中的碳从基体上将氧化铁还原为铁纳米颗粒。这些纳米颗粒团聚成铁纳米液滴，可作为 SiC 纳米线生长的催化剂。以铁纳米液滴为催化剂时，SiC 纳米线的生长过程如下：首先，产生的 CO 和 SiO 蒸气被 Fe 液滴吸附并溶解，形成 Fe-Si-C-O 合金液滴。CO 和 SiO 连续溶解到催化剂液滴中致使液滴过饱和，在催化剂液滴和基材之间的界面处形成 SiC 晶核。析出的 SiC 晶核液滴中反应物料连续沉淀将驱动纳米线的轴向生长，并沿［111］的方向生长形成 SiC 纳米线。

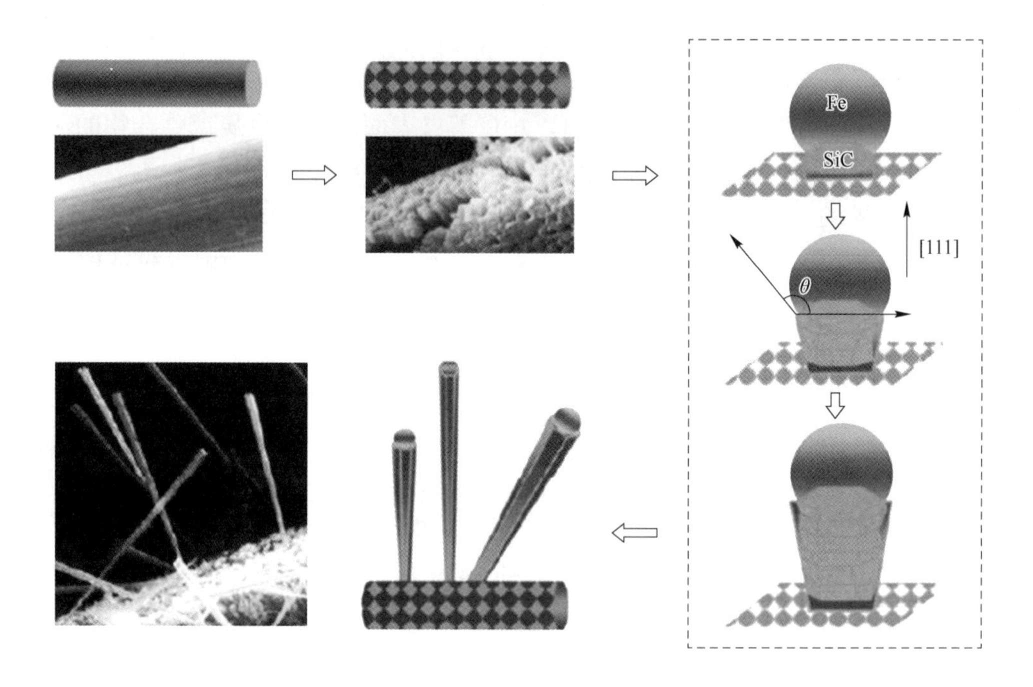

图 2-3　SiC 纳米线的生长过程示意图

实验原料与仪器

（1）原料：柔性碳纤维毡、硝酸铁、乙醇、硅粉、高纯氩气（99.99%）。

（2）仪器：真空管式炉、刚玉坩埚、超声波清洗仪、烘箱、X 射线衍射仪、扫描电子显微镜。

实验过程与步骤

1. 实验过程

将柔性碳纤维毡作为沉积基底，首先将其用乙醇进行超声波清洗后浸入饱和硝酸铁水溶液。将处理好的碳纤维毡在烘箱中于 80 ℃下烘干后，将其放置于装有 10 g 硅粉的刚玉坩埚中。然后将带有石墨顶盖的刚玉坩埚置于真空管式炉的中心。在加热之前，将炉管抽真空，并在炉管中加入硅粉。

用高纯氩气冲洗三次，以除去水分和氧气。然后将真空管式炉加热到 1500 ℃，并在流量为 100 cm^3/min 的高纯氩气中保温 6 h。最后关闭电源，真空管式炉自然冷却至室温。

2. 真空管式炉操作步骤

（1）打开总电源，打开 Lock 开关仪表。

（2）控温程序设置：按“A/M”键 1 s，仪表进入控温程序设置状态；按“确认”键 1 s 将依次显示下一个要设置的程序值，每段控温按 Ct 的方式依次排列，即该段的起始温度→该段运行时间→目标温度；程序设置最后一定要设置结束语“txx-121”；程序设置完成后，同时按“确认”键和“A/M”键退出参数设置状态。

（3）给管式炉通气，首先关闭工作气体气路，将管式炉气体出口端连接真空泵。

（4）打开真空泵电源，抽空管体和气体管路；当抽到一定真空度后，再缓慢打开气路，控制正压压强不允许超过 0.02 MPa；如此重复抽气三次后，关闭进气阀和出气阀，将出气孔接到锥形瓶。

（5）重新打开气路，并打开流量计，调节合适的气体流量，排出的气体要排到室外。通气一段时间后再开始加热。

（6）按下绿色“Turn-on”键，主继电器吸合（此时风扇也开始工作）。

（7）按下仪表上“Run/hold”键 2 s，SV 显示“Run”，进入仪表自动控制状态。

（8）程序运行结束后，仪表处于“Stop”状态；若中途需停止运行控制程序，长按仪表“Stop”键使仪表处于“Stop”状态。

（9）按下红色“Turn-off”键使主继电器断开。

（10）温度降至 400 ℃以下时，关闭 Lock 开关，切断控制电源。

（11）温度降至 200 ℃以下时，关闭气体。

（12）关闭总电源，工作结束。

实验结果与处理

（1）采用扫描电子显微镜对产物进行微观形貌分析。

（2）通过 X 射线衍射仪分析 SiC 纳米线物相组成。

注意事项

（1）管式炉使用过程中，升温速率最高不超过 10 ℃/min，400～1600 ℃之间升温速率不能超过 5 ℃/min，1600 ℃以上升温速率不能超过 2 ℃/min。降温时需设置降温程序，降温速率不得超过 5 ℃/min。

（2）使用高温设备时需注意安全，做好防护。

思　考　题

（1）反应温度对 SiC 纳米线的形成有何影响？

（2）化学气相沉积法制备 SiC 纳米线的优缺点是什么，还有哪些制备方法？

参考文献

［1］刘显刚，安建成，孙佳佳，等．化学气相沉积法制备 SiC 纳米线的研究进展［J］．材料导报，2021，35（11）：11078-11083.

［2］WU R B，ZHOU K，WEI J，et al. Growth of tapered SiC nanowires on flexible carbon fabric：Toward field emission applications［J］．The Journal of Physical Chemistry C，2012，116（23）：12940-12945.

3 二维纳米材料制备与表征实验

实验 3-1 磁控溅射法制备六方氮化硼薄膜

实验目的

（1）了解磁控溅射仪的工作原理及操作方法。
（2）熟悉磁控溅射法制备二维材料的基本原理。
（3）掌握四探针法测量薄膜材料电阻率的方法。

实验原理

磁控溅射是一种用途广泛的薄膜沉积技术，可为薄膜镀上具有出色附着力和高密度的涂层。

作为物理气相沉积（physical vapor deposition，PVD）涂层技术的一种，磁控溅射基于等离子体的涂层工艺，在目标材料表面附近产生一个磁约束等离子体，随后，来自等离子体的带正电荷的高能离子与带负电荷的目标材料碰撞，目标材料中的原子被“喷射”或“溅射”出来，最终沉积在基底上。基本原理如图 3-1 所示，实物照片见图 3-2。

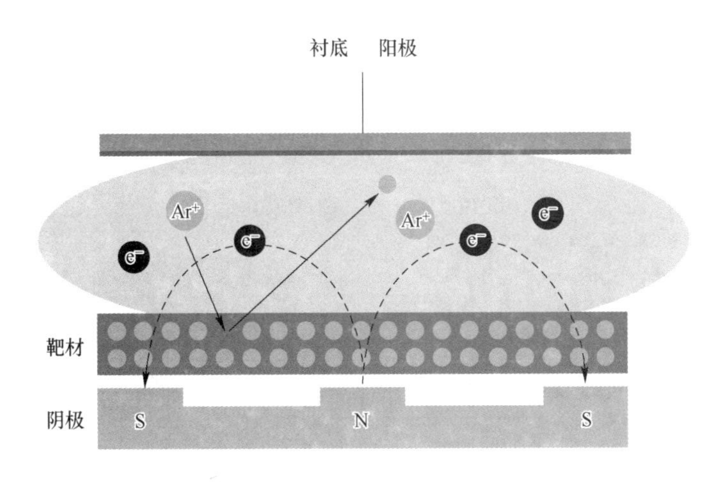

图 3-1　磁控溅射的基本原理

磁控溅射的原理是利用封闭磁场捕获电子，提高初始电离过程的效率，并在较低的压力下产生等离子体，从而减少了生长薄膜中的背景气体和溅射原子在气体碰撞中的能量损失，因此通常用于沉积具有特定光学或电气性能的金属和绝缘涂层的制备。

磁控溅射法的优点是：（1）薄膜样品沉积速率快，生成温度较低，对薄膜样品的破

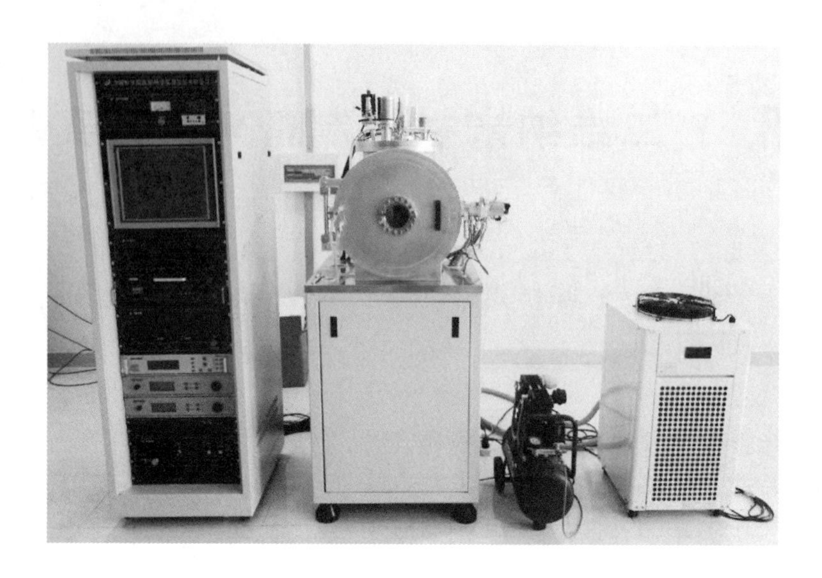

图 3-2 磁控溅射仪实物照片

坏较小；(2) 对于绝大部分材料，只要能够生产成靶材，就能够通过这种技术进行溅射，而且得到的薄膜与衬底之间的结合较好，得到的样品纯度较高，致密度高；(3) 薄膜生成平稳，能够在大量的衬底上进行连续的薄膜生长，随着生长参数的变化还能够调节膜的厚薄和改变膜晶粒的尺寸；(4) 操作简单，易控制，对环境友好等。

六方氮化硼 (h-BN) 是一种与石墨结构类似的半导体，属于六方晶系，所属的空间群是 P63/mmc，层内由硼原子和氮原子以共价键连接在一起的蜂窝状六边形结构，sp^2 杂化的共价键键长为 0.251 nm，h-BN 每层之间通过较弱的范德华力联结在一起，与石墨类似，层之间易于滑动，所以 h-BN 也可以用作润滑剂，层间距为 0.666 nm 左右。

由于 h-BN 具有类似石墨的晶体结构 (见图 3-3)，这种特殊的晶体结构使得 h-BN 具有许多优异的物理和化学性质，如超宽的禁带宽度、优异的化学性质和热稳定性、超高热

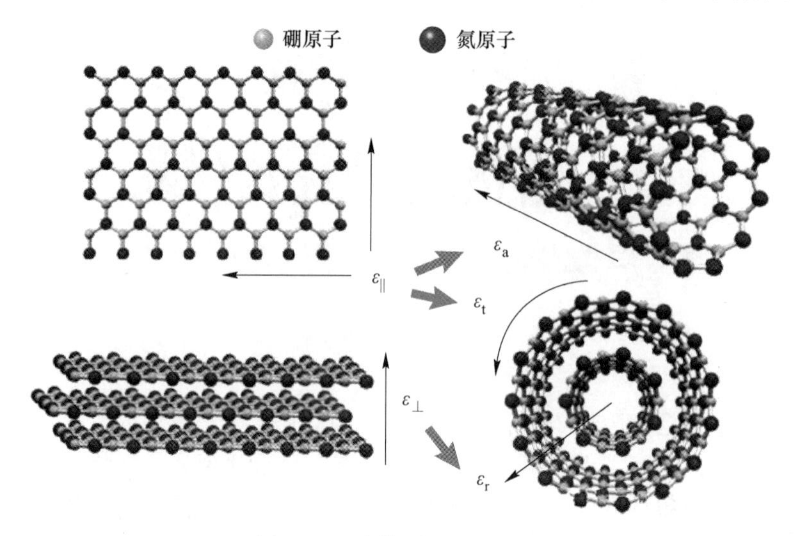

图 3-3 不同视角下的 h-BN

导率、低介电常数、大激子结合能、高击穿场、高吸收系数、高机械强度，以及宽光谱范围内的光学透过率等，使其在下一代光电、电子和光伏器件中具有广阔的应用前景。

实验原料与仪器

（1）原料：h-BN 热压靶、硅片、氢氟酸、盐酸、双氧水、去离子水、丙酮、氮气、氩气。

（2）仪器：高真空多功能磁控溅射仪、超声波清洗仪、原子力显微镜（AFM）、SEM、XRD。

实验过程与步骤

1. 衬底清洗

在实验开始前，需要对磁控腔室生长样品的衬底进行清洗，不同的衬底采用不同的方法进行清洗。本实验采用硅衬底，通常清洗的步骤是：

（1）用丙酮超声清洗 3 min，以溶解衬底表面的石油醚和有机物；

（2）用去离子水超声清洗 3 min；

（3）放入沸腾的盐酸、双氧水和去离子水（90 ℃）的混合溶液中浸泡大约 2 min，然后取出衬底，用去离子水冲洗；

（4）最后放入质量分数为 10% 的氢氟酸溶液中浸泡约 15 s，以去除硅衬底表面的氧化物（SiO_2），将清洗完毕的硅片放入腔室使用。

2. 放入衬底

将清洗完毕的衬底放入样品台，调整靶基距离，打开设备冷却水，检查磁控腔室完好性，关闭腔室，进行抽真空作业。

3. 样品生长

（1）当腔室真空度达到要求（通常为 10^{-3} Pa）后，开始对样品台的衬底进行加热（本实验加热温度为 400 ℃），同时打开射频功率源进行预热；

（2）由于温度升高，腔室真空度下降，待加热温度稳定后，需要持续对腔室抽真空（直到重新回到 10^{-3} Pa）；

（3）当真空度达到要求后，通入混合气体（本实验采用氮气和氩气），调整工作气压（本实验为 1 Pa 左右）；

（4）当气压达到要求后，启动射频源，调整所需功率，对靶材预溅射 5 min 左右，再根据实验需求，开始薄膜生长；

（5）h-BN 薄膜厚度与溅射时间的关系约为 100 nm/1.5 h，因此本实验建议功率为 200 W，溅射时间 1 h，基底温度为室温，得到的 h-BN 薄膜厚度约为 100 nm。

4. 取出样品

当样品达到指定生长时间后，关闭功率源和射频源，关闭气流量阀门，停止加热，但需要保持抽真空，直到样品温度降至室温。

关闭真空泵，停止冷却水，打开放气阀，最后打开腔室取出样品。

5. 样品测试

由于薄膜材料对空气中的各种成分敏感，因此样品取出后应尽快进行表征和测试。本实验采用四探针法测量氮化硼薄膜的电阻率，采用原子力显微镜（AFM）表征薄膜形貌。

（1）四探针法测量薄膜材料电阻率。图3-4所示为四探针测试的原理。测试时，采用针距为1 mm的四根探针同时压在样品的平整表面上，利用恒流源向外侧的两个探针（1号和4号）通以微小电流，然后在中间两个探针（2号和3号）上用高精密数字万用表测量电压，最后根据公式（3-1）计算出样品的电阻率。

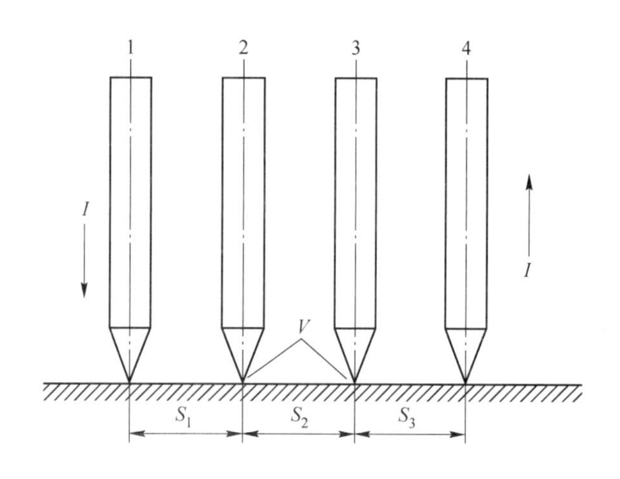

图3-4　四探针法测量原理图

电阻率计算公式如下：

$$\rho = \frac{V_{23}}{I} 2\pi S \tag{3-1}$$

式中　V_{23}——2、3两点间的电势差，V；

I——1、4两点间的电流，A；

S——接触面积，cm^2。

具体测试步骤为：

1）将四个探头分别连接到电流源和电压表上。两个探头要作为电流探头，另外两个探头则作为电压探头，以确保电流通入样品并能够采集电压信号。

2）根据实际情况，调整相应的测量参数，包括电流大小、采样时间、温度等。这些参数需要根据不同的样品类型和目的进行选择。

3）将待测样品放置于测试台上，并将四个探头分别接触样品表面。

4）启动电流源，施加恒定电流。

5）通过电压表测量两组电极之间的电压差，并记录。

6）对于不同位置和方向，重复以上步骤多次，以获得更加准确的测量数据。

在完成测量后，可以对所得数据进行处理，如去除异常值、平均化等，然后计算出样品的电阻率。同时还需要对测量结果进行分析和比较，与标准值进行比对，判断测试误差和可靠性等问题。

（2）原子力显微镜（AFM）操作步骤如下：

1）打开计算机主机、显示器及控制器；

2）选择合适的探针（本实验采用非接触式探针），并安装探针夹；

3）将激光打在悬臂前端，调整检测器位置；

4）启动测试软件，并在视野中找到探针的位置；

5）进样并聚焦样品；

6）扫描图像；

7）数据处理和结果分析。

实验结果与处理

（1）通过磁控溅射法制备 h-BN 薄膜，观察薄膜的形貌，记录颗粒分布、平整度等参数，与参考文献［1］中的数据进行对比。

（2）通过四探针法测量并记录薄膜的电阻率。

（3）通过 XRD 分析薄膜的晶体结构，确认是否为六方相；通过 SEM、AFM 等手段表征微观形貌，观察薄膜的边缘结构，并计算晶粒尺寸。

注意事项

（1）实验全程需要保持适当的真空度。

（2）加热时注意温度，避免过热。

（3）实验中注意真空泵的操作顺序。

（4）启动射频源时需要缓慢加压，注意控制电流（通常不得超过 1 A）。

思　考　题

（1）磁控溅射法制备二维纳米材料的优缺点有哪些，是否所有的二维纳米材料都可以通过该方法制备？

（2）在实验过程中，哪些环节的参数变化会影响薄膜的厚度？

参 考 文 献

［1］姜思宇，熊芬，吴隽，等．不同磁控溅射方式制备的 C 掺杂 h-BN 薄膜微观结构与导电性研究［J］．人工晶体学报，2019，48（5）：846-853.

［2］高正源，李昱志，翟帅，等．基于磁控溅射改善陶瓷涂层断裂韧性的研究进展［J］．涂料工业，2024，54（8）：76-81.

［3］康允．磁控溅射制备六方氮化硼薄膜的掺杂及电学性质研究［D］．长春：吉林大学，2023.

［4］郭永刚，王冬冬，陈丹．射频磁控溅射 ITO 薄膜对 TOPCon 太阳电池光电性能的影响［J］．微纳电子技术，2022，59（1）：19-24.

［5］KELLY P J，ARNELL R D. Magnetron sputtering：a review of recent developments and applications［J］. Vacuum，2000，56（3）：159-172.

实验 3-2 真空蒸镀法制备 Mg/Ag 薄膜

实验目的

（1）熟悉真空镀膜仪的工作原理与操作方法。
（2）掌握真空蒸镀法制备二维材料的基本原理。

实验原理

真空蒸镀法的基本原理是在真空下将原料蒸发随后沉积的过程，因此需要首先了解真空蒸发的原理。

1. 真空蒸发

真空蒸发是指将装满液体的容器内的压力降至低于液体的蒸气压，从而使液体在低于正常温度的条件下蒸发的过程。虽然该过程可用于任何蒸气压下的任何类型的液体，但一般用于描述通过将容器内压降至标准大气压以下并使水在室温下沸腾的水沸腾过程。

真空蒸发通过将蒸发室的内部压力降至大气压以下，降低待蒸发液体的沸点，从而减少或消除了沸腾和冷凝过程中对热量的需求。此外，蒸发处理还可以蒸馏沸点较高的液体，避免对热敏感的物质在加热时分解。

2. 真空蒸镀

真空蒸镀是指将待成膜的物质置于真空中进行蒸发或升华，使之在工件或基片表面析出的过程，也是真空镀的主流工艺，主要包括热蒸发、电子束蒸发及等离子强化蒸发技术等。

真空蒸镀的优点是可以将铝、镁等湿法电镀无法沉积的标准电极电位很负的金属沉积下来，而且可以制备微米级甚至纳米级的镀层，所得镀层的附着力、致密度、硬度和耐蚀性等都比较优异。

3. 真空蒸镀的原理

真空蒸镀时，将基片放入真空室内，以电阻、电子束、激光等方法加热膜料，使膜料蒸发或升华，汽化为具有一定能量（0.1～0.3 eV）的粒子（原子、分子或原子团）。气态粒子以基本无碰撞的直线运动飞速传送至基片，到达基片表面的粒子一部分被反射，另一部分吸附在基片上并发生表面扩散，沉积原子之间产生二维碰撞，形成簇团（部分簇团可能在表面短时停留后又蒸发）。粒子的簇团不断与扩散粒子碰撞（吸附单粒子或放出单粒子）。此过程反复进行，当聚集的粒子数超过某一临界值时就变为稳定的核，再继续吸附扩散粒子而逐步长大，最终通过相邻稳定核的接触、合并，形成连续薄膜。基本原理和真空蒸发仪实物照片分别如图 3-5 和图 3-6 所示。

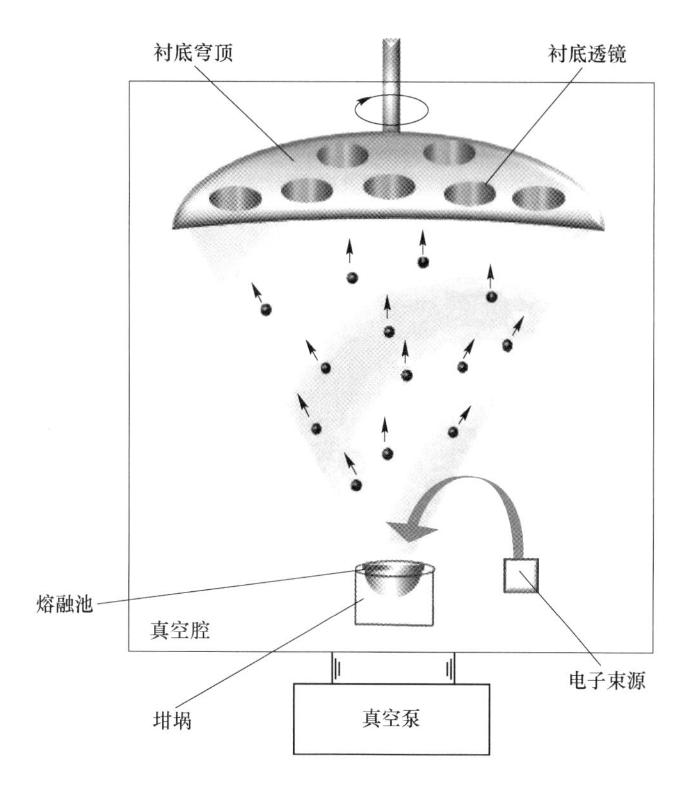

图 3-5 真空蒸镀法的基本原理

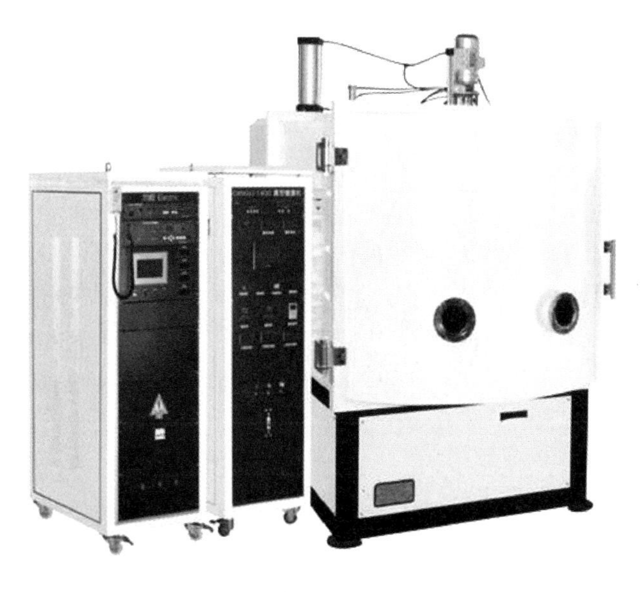

图 3-6 真空蒸发仪外观图

4. Mg/Ag 薄膜

在 OLED(organic light-emitting diode) 器件中，阴极材料的金属功函数越低，电子注入就越容易，发光效率越高，工作中产生的焦耳热就会越少，从而延长器件的寿命。OLED 通过载流子的注入和复合而致发光，其发光强度与注入的电流成正比。在电场的作用下，阳极产生的空穴和阴极产生的电子就会发生移动，分别向空穴传输层和电子传输层注入，迁移到发光层。当二者在发光层相遇时，产生能量激子，从而激发发光分子最终产生可见光。其基本构成如图 3-7 所示。

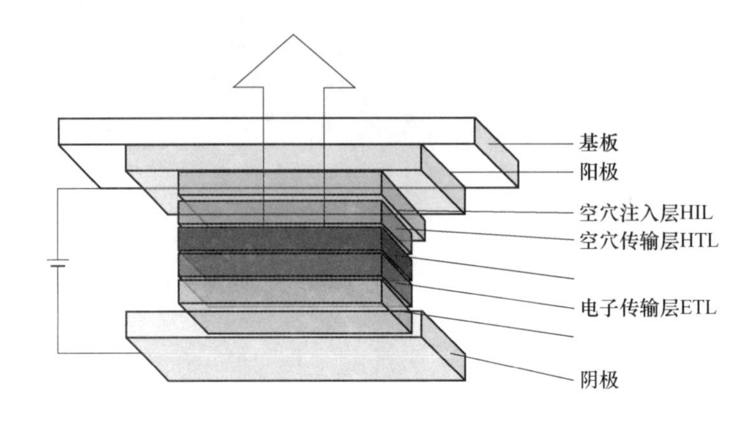

图 3-7　OLED 结构示意图

低功函数碱金属和碱土族金属或镧系元素均可以作为阴极材料，但是由于低功函数金属在大气中稳定性差，抗腐蚀能力不好，具有易被氧化或剥离的缺点。因此，通常采用功函数很低且化学性能比较稳定的 Mg/Ag 薄膜，通过真空蒸镀将 Mg 与 Ag 一同蒸发形成金属阴极，在有机膜上形成稳定坚固的金属薄膜，显著提高器件量子效率和稳定性。其中 Ag 的作用主要是改善阴极稳定性，在蒸镀过程中，提升附着性。Mg 的功函数很低，作为阴极组件时在电流驱动下不会发生镁扩散。目前生产中常用的 Mg/Ag 厚度为 500 nm 左右。

实验原料与仪器

（1）原料：玻璃基片、镁带、银丝、重铬酸钾、浓硫酸、氢氧化钠、无水乙醇、砂纸。

（2）仪器：真空镀膜机、AFM、SEM、台阶仪、椭偏仪、光学显微镜。

实验过程与步骤

（1）基片清洗。将玻璃基片在质量分数为 20% 的氢氧化钠溶液中浸泡数分钟，用去污粉除去表面的灰尘和油污，再用自来水冲洗，并放入质量分数为 5% 的重铬酸钾饱和水溶液和质量分数为 95% 的浓硫酸混合溶液中浸泡 10 ~ 15 min，取出后用清水冲洗，最后用无水乙醇脱水，在烘箱中烘干待用。

（2）样品处理。对实验所用镁带使用砂纸进行打磨，直至表面呈亮白色，随后用无水乙醇清洗表面杂质。将银丝用无水乙醇清洗。

（3）蒸镀。本实验采用钼舟加热蒸发镁带和银丝。首先，打开真空泵，待真空度降

低至 10^{-6} mbar 后，以适当速度（本实验为 0.1 A/s）材料真空蒸镀到基板上，直至达到目标厚度。在蒸镀实验中，蒸发加热电流应控制在 70 A，基底温度为 80 ℃，蒸发速度为 0.5 ~5 nm/s。

（4）关闭真空泵，取出样品，通过原子力显微镜观察表面形貌（见图 3-8）及厚度。

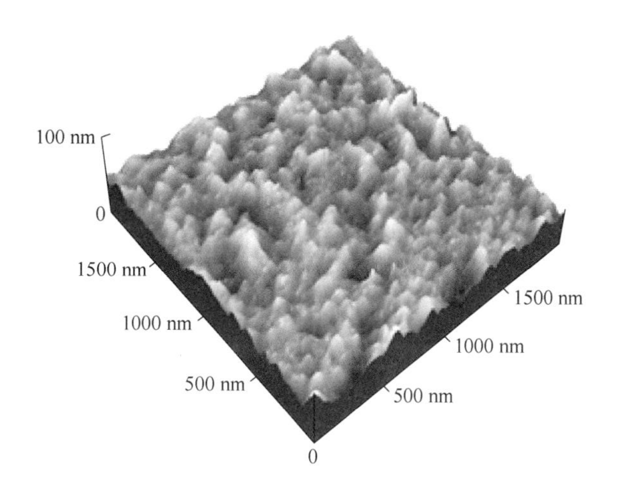

图 3-8　Mg/Ag 薄膜的原子力显微照片

实验结果与处理

（1）记录蒸镀过程中的真空度以及电流、电压变化，推算蒸发速率，预测镀膜的厚度。

（2）使用台阶仪、椭偏仪等设备测量 Mg/Ag 薄膜的真实厚度，与上一条计算的结果对比。

（3）记录薄膜的宏观形貌，包括颜色、平整度等，通过 AFM、SEM 等设备观察薄膜微观结构，与宏观形貌进行对比分析，记录薄膜表面粗糙度、晶粒尺寸等参数。

注意事项

（1）放入镀膜室之前，样品必须仔细清洗，避免加工、运输和包装过程中黏附在工件上的各种灰尘、润滑油、机油、抛光膏、油脂、汗渍等物质进入镀膜室。

（2）清洁处理后的清洁表面不能储存在大气环境中，应储存在封闭的容器或清洁柜中，以减少灰尘污染。对水蒸气敏感的、高度不稳定表面的真空镀膜一般应储存在真空干燥器中。

（3）保持实验室的高度清洁。

思　考　题

（1）真空蒸镀过程中，为什么要控制真空度到 10^{-4} Pa 左右？

（2）对于薄膜的质量，如何在蒸镀过程中进行控制？

参考文献

[1] 刘倩，张方辉，李亚利．OLED Mg/Ag 阴极的真空蒸镀及成膜特性［J］．半导体技术，2006，31（10）：743-746.

[2] 刘昕，邱肖盼，江社明，等．真空蒸镀制备 Zn-Mg 镀层的研究进展［J］．材料保护，2019，52（8）：133-137.

[3] 王成龙，梁真，万喆，等．真空蒸镀钙钛矿太阳能电池器件工艺研究进展［J］．中国表面工程，2023，36（2）：21-33.

[4] 张育龙．真空蒸镀法制备高稳定性的钙钛矿太阳能电池［D］．武汉：武汉理工大学，2019.

[5] WANG S H，LI X T，WU J B，et al. Fabrication of efficient metal halide perovskite solar cells by vacuum thermal evaporation：A progress review［J］．Current Opinion in Electrochemistry，2018，11：130-140.

实验 3-3 电泳沉积法制备 TiO_2 薄膜

实验目的

（1）了解 TiO_2 薄膜的结构和制备方法。

（2）掌握电泳沉积法制备薄膜的工艺过程。

（3）学会分析不同实验参数对电泳沉积薄膜质量的影响规律。

实验原理

1. 电泳沉积法

电泳沉积是悬浮于电泳液中的带电粒子在电场的作用下定向移动，并沉积在电极上的过程。如图 3-9 所示，电泳沉积一般在双电极电解槽中进行，具有四个特征过程：（1）分散良好并能在溶剂悬浮液中独立移动的颗粒；（2）由于与溶剂的电化学平衡，颗粒具有表面电荷；（3）悬浮液中的粒子有电泳运动；（4）沉积电极上形成颗粒的刚性沉积。

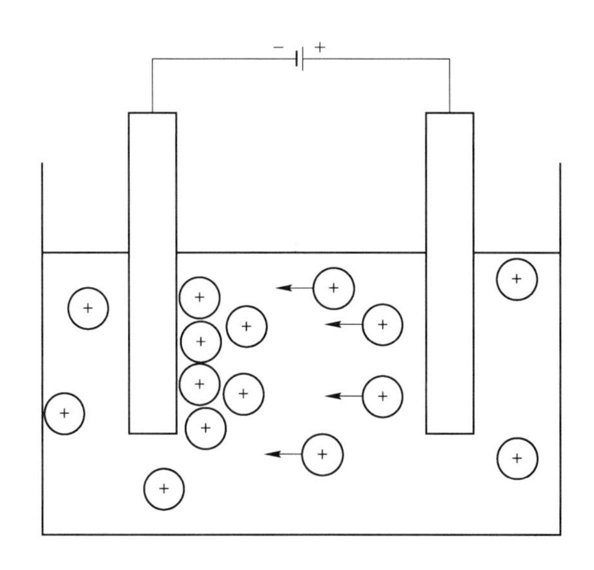

图 3-9 电泳沉积法的基本原理

尽管电泳沉积法具有工艺、设备简单，涂层使用性广等优点，但电泳沉积工艺得到的涂层比较松散，与基体结合性差且自身密度较低，往往不可直接使用，需要通过后处理固化。

电泳沉积的后处理是利用金属离子的渗透性，使沉积金属充斥在涂层和基底、涂层内部颗粒间的间隙，进而提高薄膜的致密性和黏附性。通过在基底上电泳沉积一层薄膜，然后再电镀金属包覆的颗粒，可以提高薄膜与基底的黏附力，降低接触电阻，获得高性能薄膜材料。这种电泳−电沉积工艺制备的复合镀层，可以使电泳层更致密，与基底结合更紧密，同时沉积的金属也可以利用电泳涂层的性质使自身获得更高的力学性能、耐摩擦性、耐腐蚀性等。

相较于传统共沉积技术，电泳-电沉积工艺制备复合镀层具有以下优点：

（1）采用电泳-电沉积技术制备的复合镀层中颗粒含量可以提高 2 ~ 6 倍，能够充分发挥颗粒的优异性能，提高复合镀层的耐磨性能。

（2）镀液中不需要添加颗粒，也不需要外加搅拌，避免了对沉积过程的不利影响，降低了对镀液的维护成本。

（3）电泳沉积添加的颗粒更少，利用率更高，节省原料，降低成本。

2. TiO_2 薄膜在染料敏化太阳能电池中的应用

TiO_2 作为染料敏化太阳能电池（dye sensitized solar cell，DSSC）器件中的电子传输层和染料吸附支架，在 DSSC 电池中至关重要，其原理如图 3-10 所示。TiO_2 由于具有多孔结构和合适的禁带宽度等特点，合适的能级结构使染料分子中的光生电子能够迅速传输到导带，因此将其制备成比表面积足够大的纳米多孔膜后，可以吸附较多染料，显著提升光电流注入效率。对于 DSSC 而言，薄膜形貌和结构决定了 TiO_2 光阳极的染料吸附量和电荷传输性能，因此工业上大量使用电泳沉积法制备 TiO_2 薄膜。

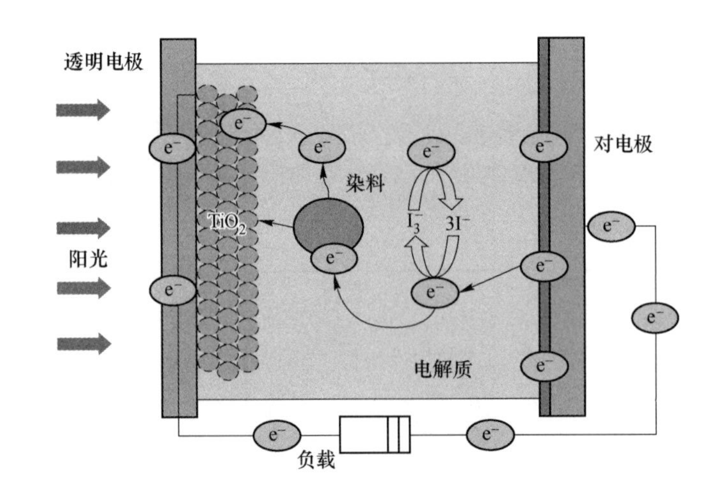

图 3-10　染料敏化太阳能电池原理图

TiO_2 纳米颗粒大小对光阳极的性能有显著的影响。除此之外，薄膜的空隙率（也称为气孔率，一般随着孔径增大而降低）也决定着光阳极的性能。如果空隙率过低（即制备的颗粒孔径过大），此时薄膜比表面积减小，染料的吸附量降低，产生的光电流减少，会降低电池的性能；而空隙率太高（即制备的颗粒孔径过小），比表面积增大，虽然在一定程度上会促进染料的吸附量，但也会导致纳米颗粒间的联接降低，使光电流在 TiO_2 薄膜内的传输效率降低，同样会削弱电池的性能。

实验原料与仪器

（1）原料：FTO 导电玻璃、N719 染料、P25 型 TiO_2 粉末、钛酸四丁酯、去离子水、丙酮、乙醇。

（2）仪器：匀胶机、烘箱、箱式炉、直流稳压电源、SEM、XRD、电流仪。

实验过程与步骤

1. 导电玻璃基片清洗与氧等离子体处理

由于本实验中的光阳极和对电极在处理过程中都需要在400 ℃以上进行高温退火，由于常见的ITO（氧化铟锡）在高温环境下煅烧电阻率会显著增大，影响载流子的传输，降低器件的光电转换效率，因此本实验采用FTO（掺氟的二氧化锡）作为导电基片。

基片清洗过程：先用洗涤剂对FTO基片进行清洗，再使用去离子水、丙酮、乙醇对FTO基片进行超声波清洗，最后在烘箱中烘干。

在沉积之前，为了使FTO表面能够形成均匀的 TiO_2 薄膜，需要使用氧等离子体处理设备（见图3-11）对基片进行预处理，处理步骤如下：

（1）打开真空计，将FTO基片正面朝上置于真空腔内，旋紧真空腔的阀门，使用真空泵抽气；

（2）抽气3 min左右，真空计显示腔内压强低于10 Pa后，打开真空泵的氧气阀门通入氧气（此时真空泵仍然处于开启状态）；

（3）通入氧气3 min后关闭真空计，打开氧等离子体开关处理45 s，此时真空泵内颜色呈现淡紫色，这是氧等离子体正在与FTO表面发生作用；

（4）关闭氧等离子体开关，关闭氧气阀门，开启真空计，待真空腔内压强小于10 Pa后（此前并未关闭真空泵是因为真空腔内有反应残留的臭氧气体，需要抽离），关闭真空泵，打开氮气阀门向真空腔内通入氮气；

（5）待真空腔内压强与大气压强持平时，打开阀门取出FTO基片。

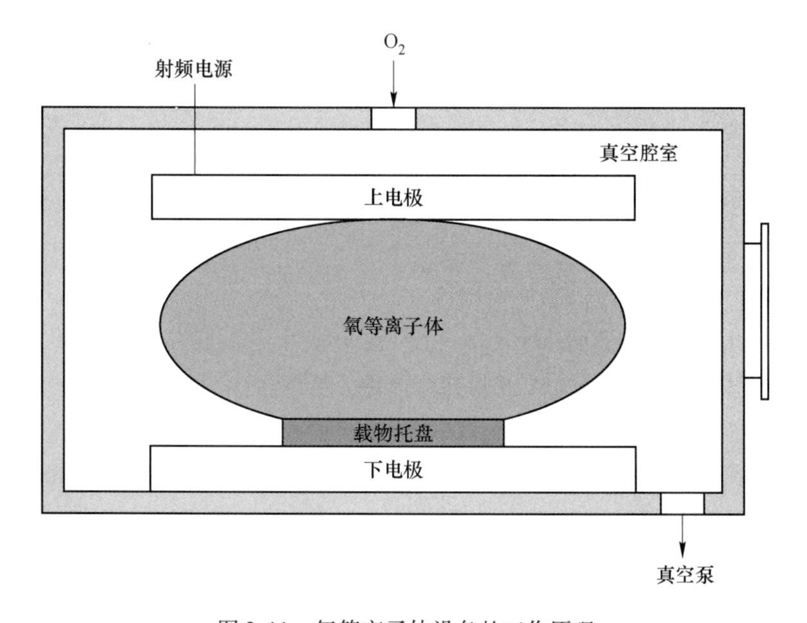

图3-11 氧等离子体设备的工作原理

2. TiO_2 致密层和对电极的制备

本实验采用旋涂法制备 TiO_2 薄膜和对电极。旋涂法是一种被广泛使用的制备薄膜的方法，该方法使用匀胶机（见图 3-12），将滴入基片上的溶液在高速旋转的过程中，通过离心力的作用均匀扩散并涂布成膜，薄膜的厚度可以通过材料溶液的浓度、转速和旋转时间来控制。

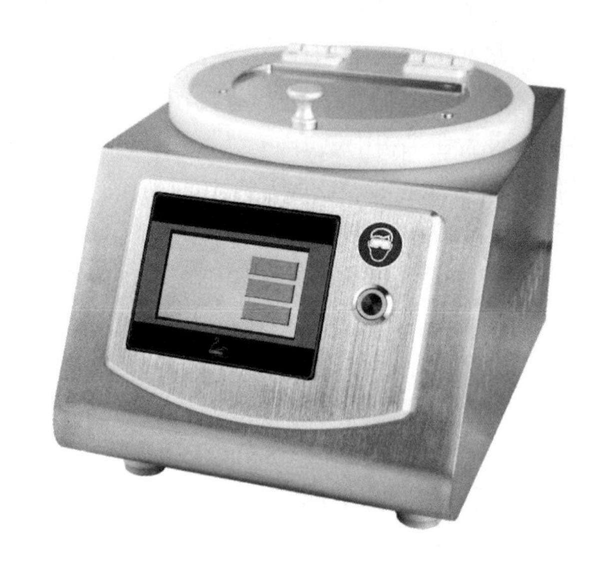

图 3-12 匀胶机外观图

TiO_2 薄膜的制备：（1）配制钛酸四丁酯的乙醇溶液（0.2 mol/L）；（2）设置匀胶机旋转时间分别为低速（800 r/min）10 s 和高速（2500 r/min）30 s，滴加钛酸四丁酯，旋涂出一层很薄的薄膜；（3）将薄膜置于箱式炉中 500 ℃烧结 40 min 即可得到 TiO_2，冷却至室温后取出备用。

对电极的制备：（1）配制氯铂酸的乙醇溶液（0.04 g/mL）；（2）设置匀胶机的旋转时间分别为低速（800 r/min）8 s 和高速（2000 r/min）30 s，滴加配制好的氯铂酸溶液；（3）旋涂完毕后将片子置于箱式炉中 420 ℃烧结 20 min。

3. 电泳沉积法制备 TiO_2 光阳极

实验开始之前需要将 P25 型的 TiO_2 粉末置于试管里，放在烘箱中干燥，设置温度 240 ℃、时间 24 h，待 TiO_2 粉末冷却后即可使用。

具体步骤如下：（1）首先取 0.1 g TiO_2 粉置于研钵中，使用 10 mL 乙醇溶液研磨至浆料分散均匀，转移至 50 mL 烧杯中，加入乙醇定容至 50 mL，使用封口膜将杯口封住，置于超声波清洗仪中超声 10 min，使浆料分散均匀，然后在浆料中加入少量碘单质，在烧杯口封上封口膜，烧杯继续置于超声均化器中超声 10 min。（2）取两片 FTO 玻璃片，正面相对，相距 1 ~ 2 cm 将两片 FTO 以下 3/4 部分置于浆料中，FTO 以上 1/4 部分用导电装置固定，外部连接直流电压。加 60 V 直流电压，保持 10 min，负极 FTO 置于浆料下的部分会沉积一层均匀的微米级TiO_2薄膜，膜厚在14 μm左右。(3) 将上述制备的TiO_2薄膜置于箱式炉中煅烧，设置温度：第一次升温从室温（25 ℃）以3 ℃/min的速率升到150 ℃，保持15 min；第二次升温从150 ℃以3 ℃/min的速率升到330 ℃，保持15 min；第三次升温从330 ℃以3 ℃/min速率升到480 ℃，保持30 min。

4. 组装DSSC器件

将上述步骤（3）中制备好的TiO_2光阳极取出后，用刀片将光阳极上覆盖薄膜区域裁成0.5 cm×0.5 cm的正方形，将光阳极置于可封闭的小烧杯中，加入N719染料至完全浸泡，保持24 h，避光。浸泡完毕后，使用无水乙醇轻微冲洗表面，再用吹风机吹干，之后在光阳极上有导电面的边缘一侧贴胶带，以备作测试电极使用。

将AB胶混合均匀，用刮片在光阳极上没有TiO_2薄膜的地方涂胶均匀。45 min后，于光阳极四周涂胶，将打孔的对电极与光阳极相对放置接合，于干燥环境放置待胶水完全凝固，大约3 h即可。通过对电极的小孔，用注射器将电解质注入电池中，使用胶带将小孔一面封好，即制备得到DSSC器件。

实验结果与处理

（1）记录沉积过程中的电压与沉积时间，计算薄膜的理论厚度。

（2）通过SEM观察薄膜微观形貌，记录并计算平均晶粒尺寸；通过XRD对薄膜相组成进行分析，得到薄膜的相组成，结合参考文献［1］，分析不同条件下得到材料的结构差异。

（3）通过电流仪依次改变DSSC的外部电压，得到一系列的电压-电流（U-I）点。根据电池的有效面积计算出J-V曲线（短路电流密度J对太阳能电池开路电压V的曲线），可得到DSSC太阳能电池的光电转化效率。

注意事项

（1）FTO基片必须严格按照清洗流程进行清洗。

（2）处理后的FTO必须在30 min内使用。

思　考　题

（1）电泳沉积法制备的TiO_2薄膜有何优点？

（2）除了N719之外，还有哪些染料可以用于DSSC？

（3）如何测量TiO_2的N719负载量？

参 考 文 献

［1］殷惠明. 二氧化钛光阳极的电泳沉积法制备及其在染料敏化太阳能电池中的应用研究［D］. 南京：南京邮电大学，2019.

［2］黄玲. MXene电泳沉积对高模碳纤维及其复合材料界面性能的影响［D］. 北京：北京化工大学，2023.

[3] 袁斌霞，陈添忠，朱瑞，等．电泳沉积法制备 YSZ 涂层的研究进展［J］．功能材料，2022，53（6）：6035-6039.

[4] 李珍，王岸晨，殷惠明，等．两步电泳沉积制备 TiO_2 光阳极用于高效染料敏化太阳能电池［J］．无机化学学报，2023，39（12）：2349-2357.

[5] SIKKEMA R, BAKER K, ZHITOMIRSKY I. Electrophoretic deposition of polymers and proteins for biomedical applications［J］. Advances in Colloid and Interface Science, 2020, 284: 102272.

实验 3-4　Hummers 法制备层状氧化石墨烯

实验目的

（1）了解 Hummers 法制备氧化石墨烯的基本原理。

（2）掌握改进的 Hummers 法制备氧化石墨烯的基本原理与工艺过程。

实验原理

1. 氧化石墨烯

氧化石墨烯（GO）是石墨烯的重要衍生物。当石墨经过强氧化剂氧化之后，石墨烯片层分子内引入了羟基、羧基、环氧基等含氧官能团，这些基团的存在使石墨烯的结构产生缺陷而变得复杂，从而使原本化学性质惰性的石墨烯变得活跃起来，同时石墨烯片层间距由原来的 0.334 nm 变为 0.7～1.2 nm，如图 3-13 所示。由于 GO 表面和边缘含有环氧基、羟基、羧基、羰基等大量含氧官能团，表现出良好的亲水性和易于表面功能化等诸多优点。与其他物质进一步功能化复合，还可以拓宽 GO 的性能及应用，因此被广泛应用于传感器、储能材料和催化等领域。

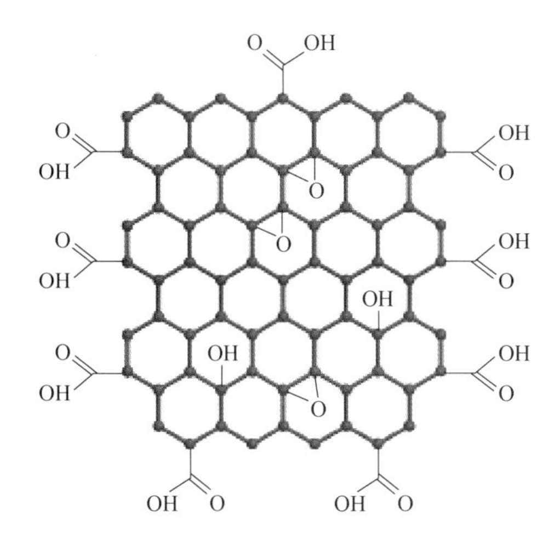

图 3-13　氧化石墨烯分子结构示意图

2. Hummers 法

Hummers 法是美国科学家 William S. Hummers 在 1958 年开发的一种安全、快速、高效的氧化石墨烯生产方法。在该方法问世之前，由于要使用浓硫酸和浓硝酸，氧化石墨烯的生产过程既缓慢又危险。William S. Hummers 和 Richard E. Offeman 通过无水浓硫酸、硝酸钠和高锰酸钾处理石墨，使之被氧化，主要步骤见图 3-14。整个制备过程在 45 ℃以下不足 2 h 的时间就可以完成，相比以往的方法更加快速且安全。

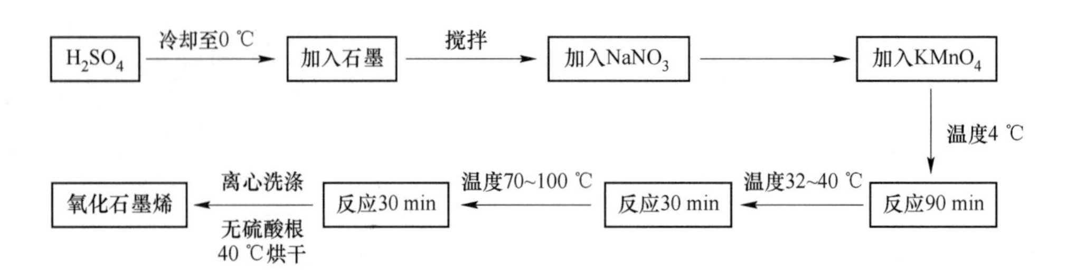

图 3-14 Hummers 法制备 GO 的常见流程

3. 改进的 Hummers 法

由于 Hummers 法中用到的浓硫酸、硝酸钠、高锰酸钾都是强氧化剂，而硝酸钠在氧化还原反应过程中不可避免地会产生二氧化氮、四氧化二氮等氮氧化物废气，体系中还会残留钠离子和硝酸根离子，这些离子不仅会附着在氧化石墨烯片层上，还会残留在废液中难以去除，给氧化石墨烯的纯化以及后续的废气、废液处理都带来了挑战。

因此科学家陆续提出了许多 Hummers 法的改进，例如使用高锰酸钾替代硝酸钠、使用磷酸/硫酸混酸替代浓硫酸等方法。本实验采用一种改进的 Hummers 法，使用高锰酸钾替代硝酸钠，具体操作流程见图 3-15。

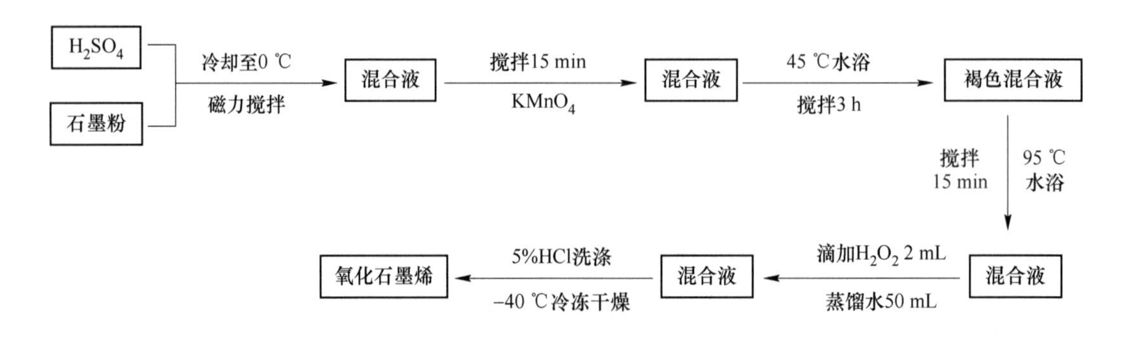

图 3-15 改进的 Hummers 法制备 GO 的流程

4. 粉末电阻率的测定

通常采用四探针法测定粉末的电阻率（原理见本书实验 3-1），粉末电阻率测试仪的外观见图 3-16。该测试仪通过对样品施加电流激励并采集其响应电压信号来获取电阻率等物理参数，适用于测量粉末、粉体、颗粒物、电子元器件、介质材料、电线电缆、防静电产品等电阻值及其他绝缘性能的检验。该型粉末电阻率测试仪可以在线测量粉体电阻及电阻率，获得粉末压实后高度、直径、压强等数据，并自动计算出所需数据。

实验原料与仪器

（1）原料：天然石墨粉、高锰酸钾、浓硫酸、过氧化氢、二茂铁、无水乙醇、去离

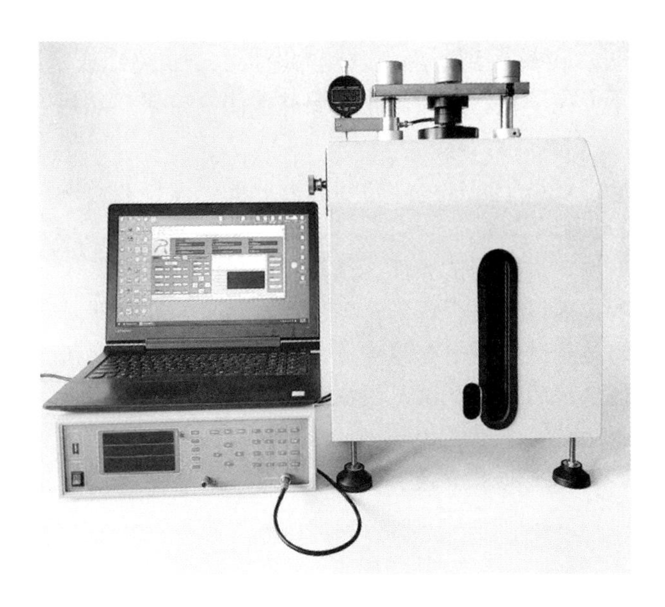

图 3-16 粉末电阻率测试仪实物照片

子水。

(2) 仪器：电子天平、磁力搅拌器、离心机、冷冻干燥机、粉末电阻率测试仪、XRD。

实验过程与步骤

(1) 用电子天平称量 5 g 的石墨加入 500 mL 烧杯中搅拌均匀，在冰浴下加入 60 mL 浓 H_2SO_4，搅拌 15 min，取出样品。

(2) 在混合液中加入 8 g 的 $KMnO_4$，并继续搅拌 15 min。

(3) 将混合物转入 45 ℃水浴，并恒温剧烈搅拌 3 h，得到褐色溶液。

(4) 将混合溶液连同烧杯取出置于空气中，缓慢加入 50 mL 蒸馏水，移至 95 ℃下搅拌 15 min 左右，取出烧杯得到样品。

(5) 在溶液中加入 50 mL 蒸馏水，然后逐滴加入 30% 的过氧化氢约 2 mL，直到溶液颜色变成黄色，取出样品。

(6) 使用 5% 的 HCl 和去离子水将样品离心洗涤至滤液中无 SO_4^{2-}，随后在 -40 ℃冷冻干燥，得到最终产物 GO。

(7) 冷冻干燥机操作步骤：

1) 样品准备：将需要干燥的样品放入容器中，注意容器必须能够承受真空度和温度的要求。

2) 样品预处理：对于一些易降解的样品，需要在冷冻之前进行预处理，如加入保护剂、调整 pH 值等。

3) 冷冻：将样品容器放入冷冻干燥机的冷冻室中，让样品快速冷冻至 -40 ℃。此步骤的目的是使水分结晶，并通过真空度的作用将水蒸气从样品中除去。

4）干燥：启动真空泵，减压至所需的真空度，然后开始升温干燥。在干燥过程中，水分会从样品中蒸发出来并冷凝到干燥室内侧的冷板上，最终形成干燥的固态物质。

5）排气：样品干燥完毕后，需要停止升温并关闭真空泵。然后开启干燥室内部的气门，将气体排出。

6）取出样品：取出容器中的样品，密封存放或继续进行下一步操作。

（8）粉末电导率的测试步骤：

1）打开测试仪电源并进入测试界面，选择正确的测试模式。

2）检查测试仪的校准设置是否正确，确保测试结果的准确性。

3）将测试夹具与被测试的粉末电阻连接，确保连接的正确性和稳定性。

4）等待测试仪器稳定后开始测试。根据测试夹具上的指示以及测试仪器的提示进行操作。

5）完成测试后，将测试结果记录下来。

实验结果与处理

（1）样品相组成分析。根据图3-17的XRD图谱，根据GO(001）的衍射特征峰以及石墨（002）衍射特征峰的强度，分析产物中GO与石墨的大致比例。

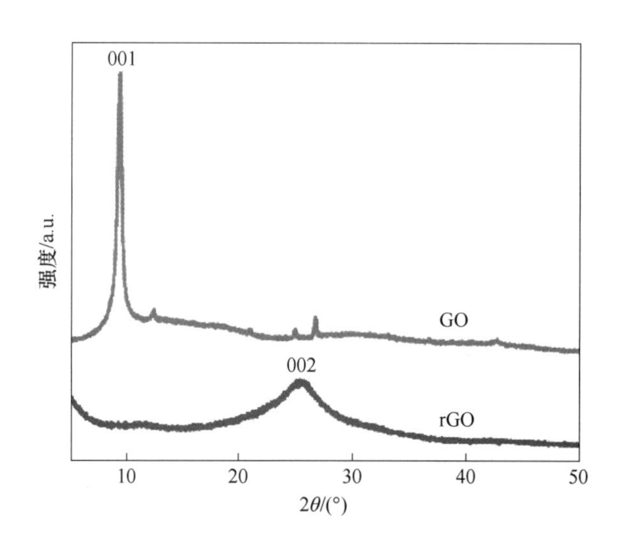

图3-17　GO和rGO的XRD示意图

（2）电阻率测试。使用粉末电导率测试仪测试GO粉末的电阻率，并分析其电阻率与参考文献［1］中室温下电阻率的区别。

注意事项

（1）在进行二次氧化过程中，冰浴和搅拌的条件下逐渐加入高锰酸钾，它必须逐渐少量加入，而且加入过程中混合体系避免产生气泡。

（2）在冰浴和搅拌条件下逐渐加入蒸馏水，对混合体系进行稀释。

（3）无论是向混合体系中添加高锰酸钾还是蒸馏水，都必须在冰浴和搅拌的条件下进行操作，避免局部高温，产生爆炸事故。

（4）加入过氧化氢的过程中，须遵循先快后慢的原则，避免一次性加入大量的过氧化氢，产生大量的气泡，混合液体溢出，发生危险。

思 考 题

（1）为何在 XRD 中会观察到石墨（002）的特征峰？

（2）制备的 GO 粉末电阻率与参考文献［1］中 GO 的电阻率有何区别，可能的原因是什么？

参 考 文 献

［1］侯若男，彭同江，孙红娟，等．热还原温度对氧化石墨烯电阻-温度特性的影响［J］．人工晶体学报，2014，10（43）：2656-2663.

［2］徐博．基于改进 Hummers 法制备氧化石墨烯的机理分析及其吸附性能研究［D］．呼和浩特：内蒙古工业大学，2022.

［3］于思源，王旭，郭效宏，等．改进的 Hummers 法制备工艺对氧化石墨烯吸附亚甲基蓝性能的研究［J］．辽宁化工，2021，50（10）：1455-1457.

［4］徐博，李春丽，张浩月，等．改进 Hummers 法制备氧化石墨烯的机理研究［J］．膜科学与技术，2021，41（6）：18-26.

［5］FARJADIAN F，ABBASPOUR S，SADATLU M A A，et al. Recent developments in graphene and graphene oxide：Properties，synthesis，and modifications：A Review［J］．Chemistry Select，2020，33（5）：10200-10219.

实验 3-5 电镀法制备金属 Zn-Ni 镀膜

实验目的

（1）熟悉电镀法的工作原理与工艺过程。

（2）学会分析电镀工艺对镀膜厚度及质量的影响规律。

实验原理

1. 电镀（电化学沉积）

电镀是指通过电化学方法在某些金属表面上镀一薄层金属或合金的过程。基本原理如图 3-18 所示，在进行电镀时，将直流电源的正负极分别与欲镀覆的金属板和被镀件相连，连接后把它们一起放在盛有欲镀覆金属离子的溶液的镀槽中，欲镀金属会在直流电源接通时在阴极上沉积出来。

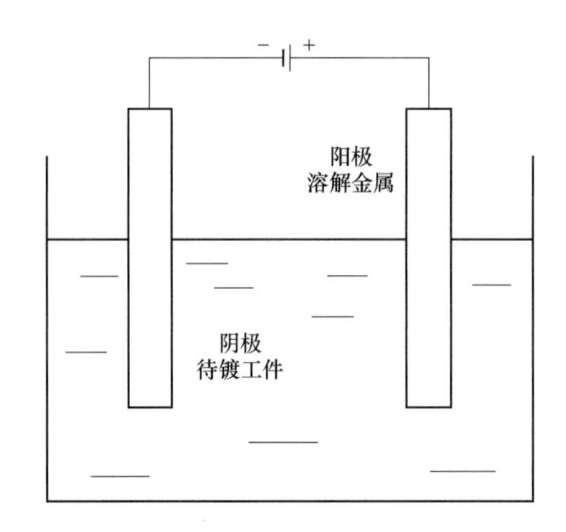

图 3-18 电镀装置示意图

电镀与电泳沉积（实验 3-3）的区别在于，后者是基于不同电性的悬浮颗粒向相反电性的电极的沉积，属于物理过程。前者是金属阳离子向阴极发生还原反应后沉积，属于化学过程。表 3-1 归纳了电泳沉积和电化学沉积的主要区别。

表 3-1 电泳沉积与电化学沉积的区别

类 别	电化学沉积	电泳沉积
迁移物质	自由离子	固体颗粒
沉积电极	阴极	阴极或阳极
沉积电极反应	离子还原	无

续表3-1

类 别	电化学沉积	电泳沉积
导电率	高	低
沉积速率	慢	快
常用沉积电压	<60 V	0~350 V
常用溶液	水溶液	有机溶液

电镀的主要目的如下：

（1）在赋予制品和零件表面装饰性外观的同时，提高其耐腐蚀能力。

（2）特殊功能的获得，例如提高硬度、耐磨性、导电性、磁性、高温抗氧化性，减小接触面的滑动摩擦，增强金属表面的反光能力，便于钎焊，防止射线的破坏和防止热处理时渗碳和渗氮等都可以通过电镀得到。

（3）科技的发展前进需要不断制造出各种新型材料，例如金刚石钻磨工具、铸造用的模具需要用到电镀，各种高强度的金属基复合结构材料也可以通过电镀获得。

2. 合金电镀

钢铁材料作为工农业上使用最多的金属材料，而每年因腐蚀造成破坏的钢铁占年产量5%~20%。电镀是钢铁表面保护的主要方法之一，由于Zn的标准电极电势为-0.76 V（相对于标准氢电极），比Fe低，因此当受到腐蚀时，首先会溶解Zn而保护了钢铁基体，是一种阳极保护性镀层。

Zn还能与很多金属形成合金，如Fe、Co、Ni、Cu和Sn等，形成合金后物理和化学性质都会发生变化。

在Zn基合金中，Zn-Ni合金镀层是一种优良的防护性镀层，适合在恶劣的工业大气和严酷的海洋环境中使用，且具有较低的氢脆性、优良的焊接性和成型性，与基底的结合力强。

相较于单金属镀层，Zn-Ni等合金镀层的主要优点有：

（1）与单金属镀层相比，合金镀层更平整、光亮、结晶细致。

（2）具有某些单金属镀层不具备的物理性能。

（3）耐腐蚀性相较于单金属镀层会表现得更加优秀。

（4）有些不能形成镀层的元素，可以在电镀合金时与其他金属一起共沉积来形成合金镀层。

（5）相较于单金属镀层，电镀合金可以通过多种元素之间的比例不同来改变镀层的颜色。

（6）可以比较容易地使不同熔点的金属形成合金。

3. 合金共沉积的条件

对于单金属电镀，只要工作电位达到金属离子的沉积电位就可以从溶液中还原析出。

而对于电镀合金，除了需要满足电镀单金属的一些基本条件外，同时还需满足以下两个条件：

（1）至少有一种金属可以从其盐溶液中沉积出来。目前已知的合金镀层种类中所用的金属离子绝大多数是能从其盐的水溶液中电镀分离出来的，但是在电镀含有钨、钼元素的镀层时，必须与含有铁族金属元素的盐在一起时才可以发生共沉积。因此，在电镀合金过程中，至少有一种金属离子能从其盐的水溶液中沉积出来，这是金属共沉积的必要不充分条件。

（2）金属离子之间的沉积电位相近或者相同。每一种金属离子都有自己的沉积电位，沉积电位的大小决定了金属沉积顺序。在电镀合金的过程中，若要多种金属离子能够在阴极上实现共沉积，那么它们的沉积顺序必须相同，这就要求它们的沉积电位必须不能相差太大，否则电位相对较正的金属离子会先沉积，同时也会抑制电位较负的金属离子，造成其根本无法析出。

实验原料与仪器

（1）原料：六水硫酸镍、酒石酸钾钠、四乙烯五胺、氧化锌、氢氧化钠、钢圆形电极、Pt 片电极、丙酮、金刚石研磨剂、蒸馏水。

（2）仪器：电流仪、电化学工作站、恒温水浴锅、光泽度仪、精密数显显微硬度仪、SEM、XRD。

实验过程与步骤

1. 制备镀液

（1）称取 10 g 氢氧化钠于烧杯中，加入 500 mL 去离子水溶解，然后称取 2 g ZnO，加入搅拌至完全溶解，标记为 1 号液。

（2）取另一个烧杯，称取 120 g 六水硫酸镍，加 500 mL 的水溶解后，在搅拌下加入 10 g 酒石酸钾钠。完全溶解后，加入 5 mL 四乙烯五胺，搅拌至均匀，标记为 2 号液。

（3）最后在搅拌下把 2 号液加入 1 号液中，完成镀液的配制。

2. 电极处理

实验采用钢圆形电极为工作电极，光亮片 Pt 片为对电极。实验开始前，工作电极表面经过碳化硅砂纸打磨，然后用 0.5 μm 金刚石研磨剂抛光，再用蒸馏水冲洗，最后用丙酮擦洗静置。

3. 电镀过程

实验采用双电极体系，其组成是上述钢圆片电极为工作电极，大面积光亮 Pt 片为对电极，用恒温水浴槽控制实验温度为 25 ℃ ±1 ℃，电镀时使用电子恒速搅拌器，电源采用恒电位电流仪。

实验结果与处理

（1）光泽度测试。利用光泽度仪测量 Zn-Ni 镀层表面 60°入射角下光泽度。

（2）硬度测试。使用精密数显显微硬度仪测试镀层的显微硬度，载荷为 0.98 N，并保持 10 s，每个工件随机测试 5 次，求平均值。

（3）镀层表面形貌及成分分析。观察镀层表面是否有漏镀、烧焦、起皮等现象的发生，外观形貌记录为亮黑色、黑色、深灰色，带有金属光泽的亮黑色效果最佳。利用扫描电镜对不同温度下热处理的 Zn-Ni 镀层表面微观形貌进行表征，观察并计算平均晶粒尺寸等参数。

（4）镀层物相分析。采用 X 射线衍射仪对 Zn-Ni 镀层表面的相结构进行表征，对得到的数据利用 Jade 软件进行分析，推测镀层的物相组成，比较分析不同条件下得到的镀层的结构差异。

注意事项

（1）电镀前的磨光处理，越平滑越好。

（2）电镀装挂，要保持通电良好，受镀面无遮挡，注意尖端效应和屏蔽效应的影响。

（3）电镀后处理，要将产品清洗干净，烘烤后应无水痕，对于阴极性镀层一般需喷油加以保护（镀铬层除外）。

（4）在实验过程中需要严格进行安全防护，佩戴防护眼镜及手套和口罩。

思考题

（1）如果采用实验 3-3 的电泳沉积技术，能否实现 Zn-Ni 合金镀层的沉积？

（2）电镀过程主要的污染源来自哪里？如何在保证镀层质量的情况下减少污染？

参考文献

[1] 鹿文珊. 碱性电镀锌镍合金的研究［D］. 杭州：浙江大学，2012.

[2] 郭崇武，赖奂汶. 三价铬电镀技术研究进展［J］. 腐蚀研究，2011，25：46-49.

[3] 靳磊，庄治平，刘皓，等. 电镀 Zn-Ni 工艺探索及涂层性能的研究［J］. 材料研究与应用，2023，17（1）：171-178.

[4] 林诗翔，土旗，惠佳博，等. Zn-Ni 复合涂层的制备及其防腐耐磨性能研究［J］. 组合机床与自动化加工技术，2022（6）：155-158.

[5] MOREIRA F L，COSTA J M，NETO A F D A. Anticorrosive Zn-Ni alloys：An alternative for the treatment of electroplating industry wastewater［J］. Sustainable Chemistry and Pharmacy，2020，16：100263.

实验 3-6 化学镀法制备 Ni 薄膜

实验目的

（1）熟悉化学镀的基本原理与主要步骤。

（2）了解化学镀膜法的特点及应用。

（3）了解抗腐蚀性能测试方法。

实验原理

1. 化学镀

材料磨损与腐蚀产生的危害往往是不明显的，这导致某些设备损坏具有一定的突发性，危害性极大，因此有效防止材料腐蚀和磨损显得尤为重要。提高材料抗磨损性和抗腐蚀性的方法有很多，例如通过添加合金元素来改善金属的本质、对金属进行表面改性、表面润滑、改善腐蚀环境以及电化学保护等。其中表面涂层技术是目前材料保护技术的研究热点。

表面涂层技术就是通过一定的工艺方法在材料表面获得具有良好特殊性能的涂层。在实际生产中，最常用的表面处理工艺技术就是化学镀。这是一种在无外加电流的情况下，将溶液中的金属离子经化学还原反应沉积在具有催化活性的基体表面，形成金属镀层的方法。相比其他表面处理技术，其具有许多独特的优势：（1）不需要使用外加电源，操作步骤比较简单；（2）获得的涂层均匀而且致密性更好；（3）覆盖性极强，即使微孔和缝隙也能得到均匀涂层；（4）化学镀可以在许多非金属基体表面沉积。化学镀的沉积过程不是通过界面上固液两相间金属原子和离子的交换，而是液相离子 M^{n+} 通过液相中的还原剂 R 在金属或其他材料表面上的还原沉积。化学镀的关键是还原剂的选择和应用。最常用的还原剂是次磷酸盐和甲醛，近年来又逐渐采用硼氢化物、胺基硼烷和它们的衍生物等作为还原剂，这样有利于改变镀层性能。因此从本质上讲，化学镀是一个无外加电场的电化学过程。主要流程见图 3-19。

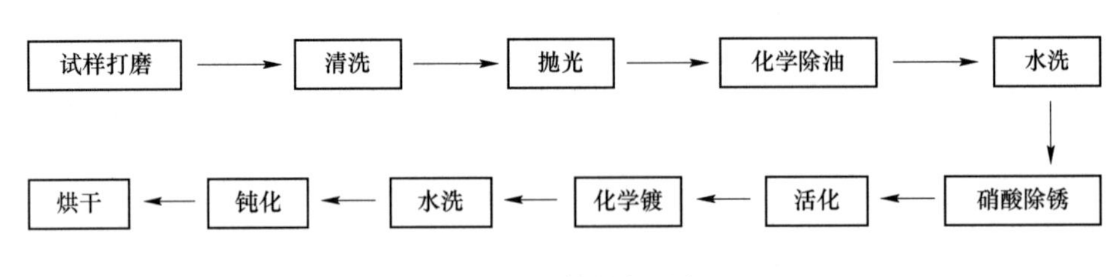

图 3-19 化学镀的主要流程

2. 化学镀镍

化学镀镍实际得到的是 Ni-P(镍磷) 合金，但因其镀层中 Ni 占的比重较大，故习惯上称其为化学镀镍。镀层沉积到活化的镀件上后，由于 Ni 元素具有自催化能力，其还原过程还会自动进行下去，直到把镀件取出镀槽为止。

3. 化学镀镍的特点

（1）工艺设备简单，用途广泛。一般不需要电源、输电系统及辅助电极等设备，只需将工件正确浸入镀镍液或将镀镍液喷到零件上即可。化学镀镍不仅可以用在金属镀件，还可以用在非金属工件上，如塑料、玻璃、陶瓷及半导体等非导体材料。

（2）修复损废零件。化学镀镍可用于修复因磨削加工或磨损而引起的尺寸超差（超出公差范围）的零件和工件模具，使损废零件得到复用。

（3）化学镀镍适用于各种形状的镀件。无论是形状复杂的工件或是深孔件、盲孔件，其表面均能得到与外表面同样厚度的镀层，且镀层晶粒细、致密、无孔表面光滑平整。由于镀镍液的分散能力接近 100%，不存在电镀时电流在工件表面分布的“边缘效应”，因此获得的镀层厚度较为均匀。

（4）镀层硬度高，耐磨性好。化学镀镍获得的镀层硬度高，通过热处理还可以进一步提高。对于一些形状复杂的高精度零件和无法用热处理来提高其表面耐磨性的大型零部件和工件模具，采用化学沉积方法可有效地使其表面强化。

（5）耐蚀性能优异。化学镀镍层与基体间的结合力非常强，通过控制 Ni-P 合金中 P 的含量，可以得到致密、无孔的非晶态结构镀层，因而在盐、碱、氨及海水中均有较高的耐蚀性。另外，一些含磷量高的镀层在酸性及中性介质中也具有良好的防腐性能。

实验原料与仪器

（1）原料：304 不锈钢、六水硫酸镍、六水磷酸二氢钠、乳酸、浓盐酸、氢氧化钠、二氯化锡（敏化剂）、二氯化铅（活化剂）。

（2）仪器：恒温水浴锅、超声波清洗仪、SEM、XRD、精密数显显微硬度仪。

实验过程与步骤

敏化溶液：取 5 g 的 $SnCl_2$ 溶解于 20 mL 浓盐酸中，加水稀释至 500 mL，随后向溶液中加几粒锡粒（防止 Sn^{2+} 被氧化成 Sn^{4+}）。

活化溶液：取 0.2 g 的 $PdCl_2$ 溶解于 2 mL 浓盐酸中，加水稀释至 500 mL。

镀镍液：称量 12 g 六水硫酸镍，加入 500 mL 去离子水搅拌溶解。

化学镀 Ni 层过程如下：

（1）打磨试样并抛光，使用 80 ℃的热水冲洗 5 min 并除油。

（2）使用冷水清洗 1 min，随后使用热氢氧化钠溶液化学除油 10 min，再使用 80 ℃热水冲洗。

（3）将试样放入体积分数为 30% 的盐酸中常温酸洗 5 min，80 ℃热水冲洗，随后放入体积分数为 10% 的硫酸中，在常温下活化 3 min，80 ℃热水冲洗。将试样浸入敏化溶液 15 min，随后水洗，再浸入活化溶液中静置 5 min，水洗 2 min，迅速放入配制好的预镀镍镀液中，浸泡 10 min 进行镀镍。

（4）在化学镀镍的过程中，采用搅拌 2 min，停留 8 min 的方式间歇搅拌，注意控制搅拌速度，保持镀液干净透明，并且没有沉淀和分解现象。定时检测镀液的 pH 值和溶液所含的成分，使 pH 值始终保持在 4.8 左右，并及时补充镀液主要成分，保证镀液成分含量在设定范围内。

实验结果与处理

（1）根据反应时间和镀镍液浓度，计算化学镀的理论厚度。通过 SEM 观察镀层实际厚度，与理论厚度进行对比，分析镀层厚度不同的原因。

（2）采用 X 射线衍射仪对镀层表面的相结构进行表征，对得到的数据利用 Jade 软件进行分析，推测镀层由哪些物质组成，比较分析不同条件下得到的镀层的结构差异。

（3）与实验 3-5 采用同样的方法，对镀层硬度进行测试，根据测试数据分析电镀与化学镀层硬度之间的区别。

注意事项

（1）在正式实验前，实验指导教师应进行试镀，确保镀液的可靠性。

（2）采用测定小试片的镀厚及镀速来决定镀覆时间。

（3）镀件放入镀槽后要经常晃动和搅拌，严禁相互接触和碰撞，同时不断变换工件放置位置，以避免金属屑等杂质落于镀件表面，造成镀层出现毛刺。

（4）在实验过程中需要严格进行安全防护，佩戴防护眼镜及手套和口罩。

思　考　题

（1）与实验 3-5 的电镀法相比，本实验在工艺上有何异同？

（2）相较于本章的其他工艺，化学镀有哪些优点和缺点？

参 考 文 献

[1] 钟惠妹．化学镀膜工艺及其在有机电合成中应用的研究［D］．福州：福州师范大学，2006.

[2] 董帅峰．化学镀 Ni-P-PTFE 复合涂层的微观结构和力学性能研究［D］．上海：上海理工大学，2017.

[3] 阚金锋，吕成伟，马放，等．化学镀 Ni-P 镀层耐蚀性的研究进展［J］．有色金属加工，2024，53（4）：55-62.

[4] 陈海新，刘宁华，邓正平，等．化学镀镍-硼合金工艺和镀液稳定性［J］．电镀与涂饰，2023，42（7）：16-21.

[5] MUENCH F. Electroless plating of metal nanomaterials［J］. ChemEletroChem，2021，8（16）：2993-3012.

4 三维纳米材料制备与表征实验

实验4-1 冷冻干燥法制备石墨烯气凝胶

实验目的

（1）掌握石墨烯气凝胶冷冻干燥法的制备原理与过程。

（2）了解石墨烯多孔结构孔径分布的测试原理。

（3）学会分析冷冻干燥工艺对气凝胶气孔率的影响规律。

实验原理

1. 冰模板法基本原理

冰模板法，也称冷冻-浇注法，是制造多孔材料常用的方法之一，相比于聚合物模板法，冰模板法具有绿色环保、简易易操作的特点。冰模板法通过调节冷冻参数和液相介质来控制冰晶的形成，使多孔材料具有特定的孔径，其具体是利用冷冻干燥机实现。详细的冷冻-干燥过程一般包括四部分：材料的准备、冷冻、低压升华和后处理。首先，需要制备具有良好稳定性且分散均匀的水凝胶，在制备水凝胶时，一般需加入分散剂并进行磁力搅拌以增强分散效果；其次，将水凝胶倒入模具中，通过均匀或定向冷冻使温度降低到液相介质的凝固点以下，液相介质成核、长大，最终水凝胶冷冻固化；最后，在适当的温度及低压条件下，使凝固的液相介质升华排出，从而产生具有定向孔道分布的多孔坯体。具体的原理如图4-1所示。

2. 冰模板法制备气凝胶影响因素

冷冻干燥气凝胶具有优异的特性，但制作过程较为复杂，是导致其易散的主要原因。通常，冷冻干燥气凝胶的制作需要进行多次冷凝和干燥操作，其中容易出现很多环节变化，从而导致凝胶体的洗涤和水分脱出不够彻底，凝胶内残留了很多空隙和微观小孔。这些空隙和小孔在制作过程中，以及在使用和运输过程中，容易造成冷冻干燥气凝胶的散乱。为了避免冷冻干燥气凝胶的散乱，可以采取下列一些措施：

（1）加强工业控制环节中的质量控制，特别是洗涤和干燥操作；

（2）在干燥过程中加强质量控制，确保凝胶内的水分脱除完全；

（3）采用高温固化工艺，使冷冻干燥气凝胶的结构更加牢固；

（4）使用特殊的包装材料，加强冷冻干燥气凝胶的保护性能。

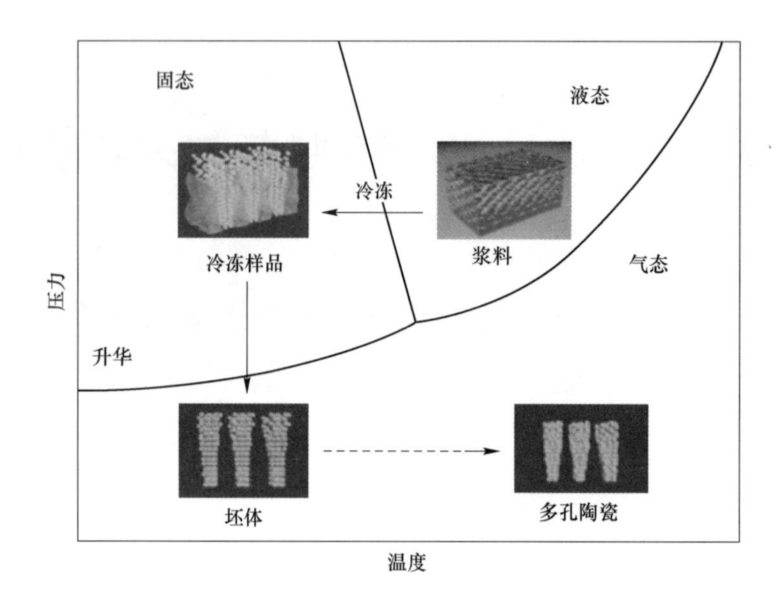

图 4-1 冰模板法的基本原理示意图

实验原料与仪器

（1）原料：石墨烯、二乙烯三胺（DETA）、甲基橙、去离子水、无水乙醇。

（2）仪器：恒温水浴锅、高速离心机、冷冻干燥机、反应釜、电热恒温烘箱、电子天平、超声波清洗仪、ZATA 电位仪、BET 分析仪、扫描电镜。

实验过程与步骤

1. 实验内容一：65 ℃下石墨烯水凝胶的制备

（1）石墨烯水凝胶的制备。取 25 mL 质量浓度为 4 mg/mL 的石墨烯悬浮液超声处理，加入一定量的 DETA 到悬浮液中，搅拌均匀，再次超声处理。将混合液转移到 100 mL 反应釜中，在一定温度的电热恒温烘箱中加热 16 h，温度设定为 65 ℃，形成石墨烯水凝胶（RGH）。

（2）等待反应釜冷却至室温，取出 RGH，放入玻璃皿中，玻璃皿中加入无水乙醇溶液，反复浸泡除去杂质。

（3）将 RGH 放入冷冻干燥机中进行冷冻，冷冻温度设定为 -65 ℃，冷冻时间为 48 h。

（4）冷冻完成后，进行真空干燥，干燥温度为 60 ℃，时间 24 h，完成后获得石墨烯气凝胶。

（5）性能检测。具体包括采用 BET 分析仪进行比表面积测试，扫描电镜进行微观结构测试，以甲基橙作为有机染料进行吸附测试。

2. 实验内容二：85 ℃下石墨烯水凝胶的制备

（1）石墨烯水凝胶的制备。取 25 mL 质量浓度为 4 mg/mL 的石墨烯悬浮液超声处理，加入一定量的DETA到悬浮液中，搅拌均匀，再次超声处理。将混合液转移到100 mL反应釜中，在一定温度的电热恒温烘箱中加热16 h，温度设定为85 ℃，形成RGH。

（2）等待反应釜冷却至室温，取出RGH，放入玻璃皿中，玻璃皿中加入无水乙醇溶液，反复浸泡除去杂质。

（3）将RGH放入冷冻干燥机中进行冷冻，冷冻温度设定为－65 ℃，冷冻时间为48 h。

（4）冷冻完成后，进行真空干燥，干燥温度为60 ℃，时间24 h，完成后获得石墨烯气凝胶。

（5）性能检测。具体包括采用BET分析仪进行比表面积测试，扫描电镜进行微观结构测试，以甲基橙作为有机染料进行吸附测试。

3. 实验内容三：－15 ℃冷冻温度对石墨烯气凝胶的影响

（1）石墨烯水凝胶的制备。取25 mL质量浓度为4 mg/mL的石墨烯悬浮液超声处理，加入一定量的DETA到悬浮液中，搅拌均匀，再次超声处理。将混合液转移到100 mL反应釜中，在一定温度的电热恒温烘箱中加热16 h，温度设定为85 ℃，形成RGH。

（2）等待反应釜冷却至室温，取出RGH，放入玻璃皿中，玻璃皿中加入无水乙醇溶液，反复浸泡除去杂质。

（3）将RGH放入冷冻干燥机中进行冷冻，冷冻温度设定为－15 ℃，冷冻时间为48 h。

（4）冷冻完成后，进行真空干燥，干燥温度为60 ℃，时间24 h，完成后获得石墨烯气凝胶。

（5）性能检测。具体包括采用BET分析仪进行比表面积测试，扫描电镜进行微观结构测试，以甲基橙作为有机染料进行吸附测试。

4. 实验内容四：－65 ℃冷冻温度对石墨烯气凝胶的影响

（1）石墨烯水凝胶的制备。取25 mL质量浓度为4 mg/mL的石墨烯悬浮液超声处理，加入一定量的DETA到悬浮液中，搅拌均匀，再次超声处理。将混合液转移到100 mL反应釜中，在一定温度的电热恒温烘箱中加热16 h，温度设定为85 ℃，形成RGH。

（2）等待反应釜冷却至室温，取出RGH，放入玻璃皿中，玻璃皿中加入无水乙醇溶液，反复浸泡除去杂质。

（3）将RGH放入到冷冻干燥机中进行冷冻，冷冻温度设定为－65 ℃，冷冻时间为12 h。

（4）冷冻完成后，进行真空干燥，干燥温度为60 ℃，时间24 h，完成后获得石墨烯气凝胶。

（5）性能检测。具体包括采用BET分析仪进行比表面积测试，扫描电镜进行微观结构测试，以甲基橙作为有机染料进行吸附测试。

实验结果与处理

（1）采用BET分析仪测试和分析气凝胶的比表面积和孔径分布情况。根据实验结果，

对比 -15 ℃和 -65 ℃冷冻温度下孔径的变化规律，说明石墨烯气凝胶的成孔机理。

（2）采用ZATA电位仪测试石墨烯水凝胶的ZATA电位。

（3）采用四探针法测试气凝胶的电导率。

（4）利用 N_2 等温吸附法评价气凝胶的吸附性能。

注意事项

（1）实验过程中冷冻干燥机的规范使用。

（2）石墨烯水凝胶制备过程中DETA的添加量。

（3）气凝胶的成孔机理。

思考题

（1）冷冻温度不同会影响石墨烯气凝胶的哪些性能？

（2）石墨烯气凝胶的有机染料吸附性能与哪些因素相关？

（3）除了冷冻干燥法制备石墨烯气凝胶以外，还有哪些方法可以获得石墨烯气凝胶，优势是什么？

参考文献

[1] 何鹏. 三维石墨烯气凝胶及其复合材料热电和传感性能研究［D］. 兰州：兰州大学，2021.

实验 4-2　放电等离子烧结法制备 $BaTiO_3$ 基纳米陶瓷

实验目的

（1）掌握放电等离子烧结设备的烧结原理与操作方法。

（2）了解 $BaTiO_3$ 基纳米陶瓷介电性能的测试方法。

实验原理

1. 放电等离子烧结基本原理

放电等离子烧结设备（SPS）类似于热压烧结炉，不同的是存在一个承压导电模具加上可控脉冲电流，通过调节脉冲直流电大小控制升温速度和烧结温度。SPS 作为一种有效而新颖的快速烧结技术，已应用于多种材料的研制和开发，但关于 SPS 的烧结机理，目前还没有达成共识，其烧结的中间过程还有待于进一步研究。

其中最早有关放电等离子的观点认为：粉末颗粒微区存在电场诱导的正负极，在脉冲电流作用下颗粒间产生放电，激发等离子体，这是目前大多数文献中所采用的观点。一般认为，SPS 过程除具有热压烧结的焦耳热和加压造成的塑性变形促进烧结过程外，还在粉末颗粒间产生直流脉冲电压，并有效利用了粉末颗粒间放电产生的自发热作用，因而产生了一些 SPS 过程所特有的有利于烧结的现象。当前 SPS 过程可以看作是颗粒放电、导电加热和加压综合作用的结果。放电等离子烧结的中间过程和现象十分复杂，许多学者对 SPS 的烧结过程建立了模型，这些模型的建立对 SPS 的实验研究和生产都具有一定的指导意义。

SPS（原理见图 4-2）的主要特点是利用体加热和表面活化实现材料的超快速致密化烧结，具有升温速度快、烧结时间短、烧结温度低、加热均匀、生产效率高、节约能源等优点。除此之外，由于等离子体的活化和快速升温烧结的综合作用，抑制了晶粒的长大，保持了原始颗粒的微观结构，从而在本质上提高了烧结体的性能，并使得最终的产品具有

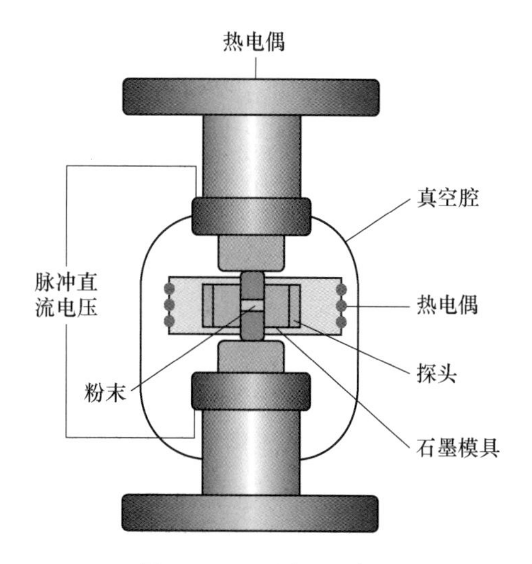

图 4-2　SPS 原理示意图

组织细小均匀、能保持原材料的自然状态、致密度高等特点。与 HP（热压）和 HIP（热等静压）相比，SPS 装置操作简单。

2. 纳米陶瓷性能的主要影响因素

纳米陶瓷材料的性能在很大程度上受到微观结构的影响，尤其是晶粒尺寸的减小会对陶瓷的力学性能产生显著影响。

（1）制备过程中存在的粉末团聚问题是一个普遍关注且亟待解决的问题，因为团聚体的存在对烧结过程和制品的性能都是非常有害的。控制粉末的团聚已成为制备高性能纳米陶瓷材料的一项关键技术。

（2）纳米陶瓷的成型也是一个重要的环节。由于纳米微粒的比表面积非常大，给陶瓷素坯成型带来极大的困难。解决的办法通常包括减小粉末颗粒的比表面积或采用湿法成型等方法。

（3）纳米陶瓷的烧结过程对其显微结构和最终性能具有决定性影响。纳米粉体具有巨大的比表面积，使得烧结过程中的表面能剧增，物质反应接触面增加，扩散速率大幅增加，成核中心增多，反应距离缩短。这些变化导致烧结活化能大幅降低，从而影响纳米陶瓷的性能。

实验原料与仪器

（1）原料：纳米二氧化钛、纳米氧化锆、纳米碳酸钡、纳米碳酸钙、乙酸钡、乙酸钙、乙酸锆、钛酸四丁酯、无水乙醇、去离子水。

（2）仪器：行星式球磨机、磁力搅拌器、球磨罐、氧化铝研磨球、电子天平、电热恒温烘箱、恒温水浴锅、坩埚、玻璃皿、石墨模具、放电等离子烧结设备、磨样机、高能球磨机、扫描电镜、X 射线衍射仪、马弗炉、准静态 D_{33}测试仪。

实验过程与步骤

1. 实验内容一：放电等离子烧结 $BaTiO_3$ 基纳米陶瓷

（1）配料计算。以分析纯 $BaCO_3$、TiO_2 为原料，按照 $BaTiO_3$ 化学式进行配料计算，以最终产物为 40 g 的 $BaTiO_3$ 进行计算。

（2）配料。首先分别按照化合物的计算结果称量氧化物原料，并分别将原料放进聚四氟乙烯球磨罐中。以原材料、氧化铝球和球磨介质（无水乙醇）按照比例为 1∶3∶2 的方式称量氧化铝磨球和无水乙醇，放入球磨罐，进行混合球磨 12 h，行星式球磨机转速在 200～300 r/min 之间。

（3）烘干、预烧和二次高能球磨。将球磨完的粉料用无水乙醇清洗后倒入玻璃皿，放入烘箱，在温度为 60 ℃下保温 12 h，烘干后将粉体在 1200 ℃下煅烧 4 h。之后将预烧粉采用高能球磨磨细，达到纳米粉级别。高能球磨完成的粉料再次经过温度为 60 ℃下保温 12 h 进行烘干，备用。

（4）放电等离子烧结。采用直径为 15 mm 的石墨模具，称量 8 g 纳米预烧粉体导入石墨模具，利用放电等离子烧结，烧结温度为 1250～1350 ℃，保温 5 min，成型压力为

40 MPa，升温速率为100 ℃/min。研究不同烧结温度对纳米$BaTiO_3$的影响规律。程序运行完成后脱模，得到块体的纳米陶瓷。

（5）打磨、抛光、热腐蚀。将成型后的陶瓷样品用从粗到细的砂纸进行打磨，然后采用机械抛光方式对表面处理，完成后对需要进行扫描电镜观察的试样进行热腐蚀，以备测试用。

2. 实验内容二：放电等离子烧结Ca^{2+}和Zr^{4+}共掺杂的$BaTiO_3$基纳米陶瓷

（1）配料计算。以分析纯$BaCO_3$、$CaTiO_3$、ZrO_2、TiO_2为原料，按照$Ba(Ti_{0.2}Zr_{0.8})O_3-(Ba_{0.7}Ca_{0.3})TiO_3$化学式进行配料计算，以最终产物为40 g的$Ba(Ti_{0.2}Zr_{0.8})O_3-(Ba_{0.7}Ca_{0.3})TiO_3$进行计算。

（2）配料。首先分别按照化合物的计算结果称量氧化物原料，并分别将原料放进聚四氟乙烯球磨罐中，以原材料、氧化铝球和球磨介质（无水乙醇）按照比例为1∶3∶2的方式称量氧化铝磨球和无水乙醇，放入球磨罐，进行混合球磨12 h，行星式球磨机转速在200～300 r/min之间。

（3）烘干、预烧和二次高能球磨。将球磨完的粉料用无水乙醇清洗后倒入玻璃皿，放入烘箱，在温度为60 ℃下保温12 h，烘干后将粉体在1200 ℃下煅烧4 h。之后将预烧粉采用高能球磨机磨细，达到纳米粉级别。高能球磨完成的粉料再次经过温度为60 ℃下保温12 h进行烘干，备用。

（4）放电等离子烧结。采用直径为15 mm的石墨模具，称量8 g纳米预烧粉体导入石墨模具，利用放电等离子烧结，烧结温度为1300 ℃，保温5 min，成型压力为40 MPa，升温速率为100 ℃/min。研究不同烧结温度对纳米$Ba(Ti_{0.2}Zr_{0.8})O_3-(Ba_{0.7}Ca_{0.3})TiO_3$陶瓷的影响规律。程序运行完成后脱模，得到块体的纳米陶瓷。

（5）打磨、抛光、热腐蚀。将成型后的陶瓷样品用从粗到细的砂纸进行打磨，然后采用机械抛光方式对表面处理，完成后对需要进行扫描电镜观察的试样进行热腐蚀，以备测试用。

3. 实验内容三：溶胶-凝胶法结合放电等离子烧结制备BCZT基纳米陶瓷

（1）配料计算。以分析纯乙酸钡、乙酸钙、乙酸锆、钛酸四丁酯为原料，按照$Ba(Ti_{0.2}Zr_{0.8})O_3-(Ba_{0.7}Ca_{0.3})TiO_3$化学式进行配料计算，以最终产物为40 g的$Ba(Ti_{0.2}Zr_{0.8})O_3-(Ba_{0.7}Ca_{0.3})TiO_3$进行计算。

（2）前驱粉体合成。首先分别按照化合物的计算结果称量乙酸盐原料，用去离子水进行配制溶液，溶液浓度分别按照化学计量比设置的元素比例进行，每组溶液为30 mL，分别将溶液滴加到圆底烧瓶中并在水浴锅中进行磁力搅拌，加热温度为50 ℃，搅拌6 h，将溶液放置到烘箱中，60 ℃下烘12 h，等溶液挥发干后放入坩埚中，在马弗炉中煅烧，煅烧温度为1200 ℃，保温时间4 h，升降温速率为5 ℃/min。煅烧完成后的粉料经行星式球磨机球磨，球磨时间为6 h，转速在200～300 r/min之间，得到纳米级的前驱粉体。

（3）放电等离子烧结。称量8 g纳米预烧粉体导入直径为15 mm的石墨模具，利用放电等离子烧结设备烧结，烧结温度为1300 ℃，保温5 min，成型压力为40 MPa，升温速率为100 ℃/min。研究不同烧结温度对纳米$Ba(Ti_{0.2}Zr_{0.8})O_3-(Ba_{0.7}Ca_{0.3})TiO_3$陶瓷的影响规律。程序运行完成后脱模，得到块体的纳米陶瓷。

（4）打磨、抛光、热腐蚀。将成型后的陶瓷样品用从粗到细的砂纸进行打磨，然后采用机械抛光方式对表面处理，完成后对需要进行扫描电镜观察的试样进行热腐蚀，以备测试用。

实验结果与处理

（1）利用阿基米德排水法测试 $BaTiO_3$ 基纳米陶瓷的密度和气孔率。

（2）采用 X 射线衍射仪和扫描电子显微镜对 $BaTiO_3$ 基纳米陶瓷进行物相成分和微观组织结构测试。

（3）绘制 $BaTiO_3$ 基纳米陶瓷介电温谱和介电频谱图，试说明放电等离子烧结温度对掺杂 $BaTiO_3$ 基纳米陶瓷介电性能的影响规律。

（4）采用准静态 D_{33} 测试仪测试 $BaTiO_3$ 基纳米陶瓷的压电系数。

注意事项

（1）实验过程中放电等离子烧结设备的规范使用。

（2）Ca^{2+} 和 Zr^{4+} 在制备 $BaTiO_3$ 基纳米陶瓷时掺杂浓度的选取原则。

（3）测试压电系数时，对陶瓷片进行极化，注意极化操作过程中的安全性。

思　考　题

（1）什么是压电材料及压电效应？

（2）放电等离子烧结的原理是什么？

（3）纳米陶瓷的定义，还有什么方式可以得到纳米陶瓷？

（4）影响晶粒尺寸的因素有哪些？

参 考 文 献

[1] 陈林玉，张向军，张鸣一，等．氮化铝纳米陶瓷粉末制备方法的研究进展［J］．兵器材料科学与工程，2024，47：130-137.

[2] 宋恩鹏，靳权，陈奋华，等．自组装烧结法可控合成钛酸钡微纳米陶瓷的效果和适用范围研究［J］．材料导报，2023，37（17）：22010205.

实验4-3 3D打印制备纳米羟基磷灰石

实验目的

（1）了解生物陶瓷羟基磷灰石的基本特性。
（2）掌握3D打印技术基本原理和操作方法。

实验原理

1. 3D打印技术基本原理

3D打印技术，是以计算机三维设计模型为蓝本，通过软件分层离散和数控成型系统，利用激光束、热熔喷嘴等方式将金属粉末、陶瓷粉末、塑料、细胞组织等特殊材料进行逐层堆积黏结，最终叠加成型，制造出实体产品。与传统制造业通过模具、车铣等机械加工方式对原材料进行定型、切削以最终生产成品不同，3D打印将三维实体变为若干个二维平面，通过对材料处理并逐层叠加进行生产，极大降低了制造的复杂度。这种数字化制造模式不需要复杂的工艺、不需要庞大的机床、不需要众多的人力，直接由计算机图形数据便可生成任何形状的零件，使生产制造得以向更广的生产人群范围延伸。

日常生活中使用的普通打印机可以打印电脑设计的平面物品，3D打印机与普通打印机工作原理基本相同，只是打印材料有些不同，普通打印机的打印材料是墨水和纸张，而3D打印机内装有金属、陶瓷、塑料、砂等不同的“打印材料”，是实实在在的原材料，打印机与电脑连接后，通过电脑控制可以把“打印材料”一层层叠加起来，最终把计算机上的蓝图变成实物。通俗地说，3D打印机是可以“打印”出真实的3D物体的一种设备，比如打印一个机器人、打印玩具车，打印各种模型，甚至是食物等。之所以通俗地称其为“打印机”，是参照了普通打印机的技术原理，分层加工的过程与喷墨打印十分相似。3D打印机的实物如图4-3所示。

2. 3D打印技术类型

（1）熔融挤出成型：也称熔融沉积快速成型，主要材料为ABS和PLA。

熔融挤出成型（FDM）工艺的材料一般是热塑性材料，如蜡、ABS、PC、尼龙等，以丝状供料。材料在喷头内被加热熔化，喷头沿零件截面轮廓和填充轨迹运动，同时将熔化的材料挤出，材料迅速固化，并与周围的材料黏结。每一个层片都是在上一层上堆积而成，上一层对当前层起到定位和支撑的作用。熔融沉积快速成型如图4-4所示。

（2）光固化成型：主要材料为光敏树脂。

光固化成型（SLA）是最早出现的快速成型工艺。它是基于液态光敏树脂的光聚合原理工作的。这种液态材料在一定波长（325 nm）和强度（30 mW）的紫外光的照射下能迅速发生光聚合反应，分子量急剧增大，材料也就从液态转变成固态。

光固化成型是目前研究得最多的方法，也是技术上最为成熟的方法。一般层厚在0.1～0.15 mm，成型的零件精度较高。

图 4-3 3D 打印机实物照片

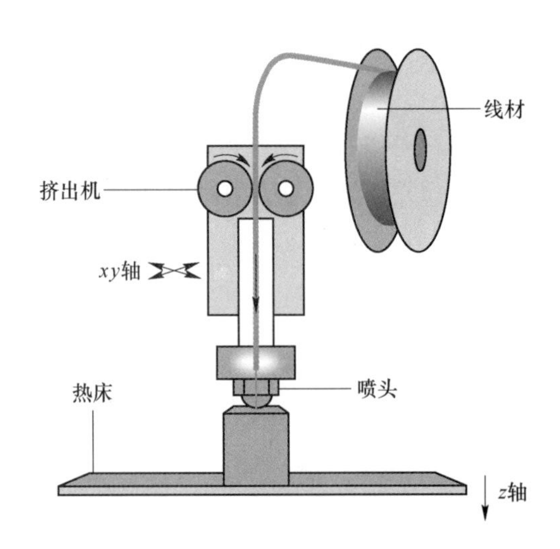

图 4-4 熔融沉积 3D 打印原理图

（3）3D 打印技术：三维粉末粘结，主要材料为粉末材料，如陶瓷粉末、金属粉末、塑料粉末。

实验原料与仪器

（1）原料：石墨烯（GO）、纳米羟基磷灰石（HA，针状，20～60 nm）、纳米氮化硅（Si_3N_4）、纳米氧化镧（La_2O_3）、纳米氧化钇（Y_2O_3）、无水乙醇、光引发剂、去离子水。

（2）仪器：高速低温离心机、水浴炉、烘箱、电子天平、光固化生物 3D 打印机、红外光谱仪、扫描电镜、显微 CT、磁力搅拌器、移液枪、烧结炉、紫外固化炉、旋转流变仪。

实验过程与步骤

1. 实验内容一：GO/HA 复合生物陶瓷的光固化成型制备

（1）浆料制备及其流变性能。光固化陶瓷浆料的配制过程必须在弱光下完成，避免树脂变质。使用球磨机将石墨烯（GO）、氧化锆磨球（直径 5 mm）、纳米羟基磷灰石（HA）按质量比 1∶1∶4 加入球磨罐中。为了防止浆料中出现气泡，影响成型质量，使用真空泵对球磨罐抽真空。之后球磨机低速搅拌 12 h，转速为 120 r/min。使用筛网过滤锆球后得到 GO/HA 浆料。

配制 GO 质量分数为 0、0.1%、0.2%、0.4% 和 0.6% 的 GO/HA 复合光敏浆料，使用旋转流变仪评估浆料的黏度，通过探究每种浆料的临界曝光能量和单层固化厚度等光固化特性优化浆料固化参数。

为了能使打印过程顺利完成，用于光固化的羟基磷灰石浆料应该具备以下特点：

1）流动性。光敏浆料必须具有流动性才能使光固化打印的过程顺利进行。在上置式打印机成型过程中，每一层打印前需要浆料流平，覆盖零件表面，然后由刮刀刮平保证精度；在下置式打印机成型过程中，若浆料黏度过大，当成形基板下降，成型面贴于透光膜时，浆料无法被刮刀刮平，坯体成型质量将受到影响。

2）稳定性。光固化陶瓷浆料是陶瓷颗粒分散在树脂中的悬浊液，静置一段时间后会发生沉降，这种现象一般通过添加分散剂、阻聚剂，以及改变陶瓷颗粒的粒径来改善。上置式打印机需要一次性添加足够量的陶瓷浆料才能打印，通常打印结束后多余浆料会长期储存在成型缸中，因此对浆料的稳定性要求更高。

3）可固化性。要保证浆料在光源投影下依然具备成型能力，否则浆料无法用于光固化打印。

（2）生物陶瓷的光固化成型打印。使用透明硅胶材料制作模具，利用模具倒模和投影仪成型，使用紫外固化炉进行固化。坯体使用马弗炉脱脂烧结。硅胶导入模具中，制得倒模硅胶。将固含量为 45%（质量分数）的 HA 树脂浆料放入透明硅胶模具内部，在二次固化炉中固化 5 min 后取出固化的倒模坯体样件。使用光学显微镜观察倒模坯体表面的微观形貌，可以看到模具里的树脂已经完全固化，表面较为致密，显微镜下的表面有大量的裂纹，存在极少数不到 20 μm 的小孔缺陷。图 4-5 所示为光固化成型后羟基磷灰石陶瓷的样品展示。

将模型切片后的截面图形导入投影仪，逐层曝光打印，层厚设置为 0.1 mm，曝光时间为 10 s。为了保证成型质量，打印时成形缸置于 50 ℃ 的水浴炉中，投影仪装置使用固含量为 45%（质量分数）的陶瓷浆料，打印出镂空结构及特征样件。

（3）复合陶瓷脱脂和烧结。根据热重分析结果建立复合陶瓷脱脂烧结工艺曲线，确定通入氧气量对树脂热解残余游离碳的去除效果，探究除碳工艺对 GO 微观形貌的影响。

成型后的 HA 坯体固含量较低，这对于脱脂烧结来说是一种挑战。参考相关文献中的脱脂曲线，研究本次实验制得坯体脱脂烧结的可行性。将坯体放入马弗炉内脱脂预烧结，升温速率为 100 ℃/h，在 500 ℃ 保温 6 h 脱脂，900 ℃ 保温 1 h 预烧结，样件在烧结后基本可以致密化，成型出具有一定强度的烧结件。

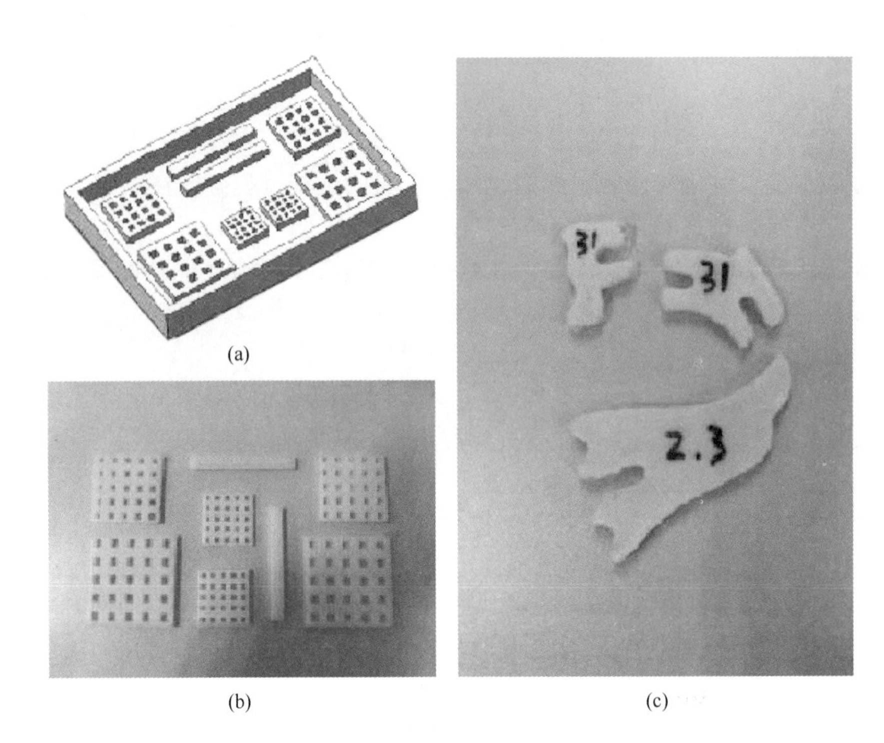

图4-5 光固化成型后的羟基磷灰石生物复合陶瓷

（a）3D打印样品的示意图；（b）排胶前的3D打印样品；（c）排胶后的3D打印样品

（4）复合陶瓷的表征。测试复合陶瓷致密度、硬度等力学性能；通过XRD、SEM表征原材料及烧结陶瓷体的理化性质和显微形貌，利用电子显微镜测量陶瓷体孔的尺寸和整体尺寸，并计算收缩率，利用阿基米德排水法测试样品的密度。

2. 实验内容二：Si_3N_4/HA复合生物陶瓷的光固化成型制备

氮化硅（Si_3N_4）具有优异的抗压强度、较小的热膨胀系数、高断裂韧性及抗疲劳特性等优势，同时具有一定的生物相容性，已被广泛用于脊柱外科、整形外科、全髋关节以及全膝关节置换等领域。基于Si_3N_4和HA的热膨胀系数和化学相容性等物化性能匹配较佳，利用柱状Si_3N_4起到类似晶须拔出、裂纹偏转机理改善HA的韧性，有望制备出满足植入物负荷基本要求的、生物活性好的HA复合陶瓷材料。

（1）固含量、温度对Si_3N_4/HA复合生物陶瓷浆料黏度的影响。以HA为主体，添加不同比例分数的Si_3N_4，其中含有烧结添加剂组的氧化镧（La_2O_3）和氧化钇（Y_2O_3）分别占Si_3N_4的12%（质量分数）。

经过初步验证实验，将球磨后的微米级粉末放入光敏树脂中搅拌后浆料表面光滑（固含量$V=20\%$（质量分数）），无明显颗粒，无沉降。尝试提高粉末体积比，确定可以打印的微米级羟基磷灰石陶瓷浆料的最大固含量。

使用上述方法分别配制不同固含量的浆料，随着固含量的提高，浆料黏度逐渐增加，当HA粉末的固含量V达到60%时，浆料完全不具备流动性，无法倒出。通过加热树脂基陶瓷浆料来降低其黏度，配置出固含量为 20%、30%、40%、50%、60% 的浆料，将其置入离心管，在水浴环境下测量不同固含量浆料在 30～60 ℃下的黏度变化。使用黏度计测量其黏度，每组数据测量 6 次，取平均值。

（2）打印参数设定。浆料黏度、成型缸温度、刮刀位移速度、刮刀高度等参数也对成型质量有着重要影响。

（3）复合陶瓷表征。利用排水法测试其致密度；利用维氏硬度计测定其硬度和断裂韧性；通过扫描电子显微镜、X 射线衍射仪和能谱仪对其微观形貌和物理化性能进行表征；使用原子力显微镜和接触角测量仪测定复合陶瓷的表面粗糙度和亲水性。

实验结果与处理

（1）利用阿基米德排水法测试纳米生物复合陶瓷的密度和气孔率。

（2）采用 X 射线衍射仪和扫描电子显微镜测羟基磷灰石复合陶瓷的物相组成和微观组织结构。

（3）利用显微 CT 测试复合陶瓷的内部结构和孔径分布情况。

（4）采用 TG-DSC 对光固化成型后羟基磷灰石生物陶瓷进行热分析，结果如图 4-6 所示，试分析其脱脂过程中所发生的吸放热反应。

（5）采用红外光谱仪分析复合陶瓷化学键结合情况。

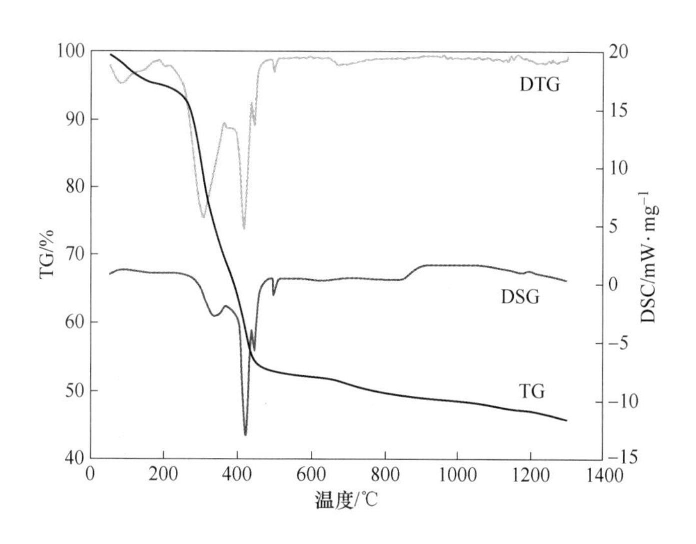

图 4-6　TG-DSC 曲线

注意事项

（1）安全意识：操作 3D 打印机时，应确保个人安全。由于 3D 打印过程中会产生高温和毒性气体，因此建议佩戴防护手套、眼镜和面罩等个人防护装备。

（2）打印平台水平：打印平台的水平度对于 3D 打印结果的质量至关重要。在进行打印前，应仔细调整打印平台，确保其水平度。

（3）控制打印温度：每种 3D 打印材料都有其特定的打印温度范围。为了确保打印质量，应根据制造商提供的建议，控制好打印温度。

（4）材料选择：选择3D打印材料时，需要注意其物理性能、化学特性以及可靠性。合格的材料必须具有足够的强度、耐磨性和稳定性。

（5）打印机调试：在进行正式打印之前，需要对打印机进行充分调试和校准。确保打印臂、打印床、喷嘴等部件的协调工作。

思考题

（1）3D打印技术制备生物陶瓷的优势有哪些？

（2）采用3D打印技术时如何降低陶瓷材料的气孔率，提高密度？

（3）防止打印样品开裂和翘曲的策略有哪些？

（4）影响3D打印成形膜老化的因素有哪些？

（5）试展望利用人工智能、机器学习等先进技术，实现打印路径的智能规划、工艺参数的自动优化、设备状态的实时监控，进一步提升3D打印的整体速度。

参考文献

[1] 赵红宇. 羟基磷灰石基复合陶瓷的制备及其生物活性研究 [D]. 济南：山东大学，2023.

[2] 刘子博. 羟基磷灰石骨支架DLP成形工艺试验研究 [D]. 南京：南京航空航天大学，2019.

实验 4-4　阳极氧化法制备 TiO_2 纳米管阵列

实验目的

（1）掌握阳极氧化法制备纳米管阵列的基本原理与工艺过程。

（2）了解气敏传感器的发展现状。

（3）学习紫外-可见漫反射测试方法。

实验原理

纳米二氧化钛是一种重要的无机功能材料，具有良好的光电、湿敏、气敏、压敏等特性，在传感器、光催化降解污染物、太阳能电池、生物医药等高科技领域有重要的应用前景，已成为国内外竞相研究的热点之一。由于 TiO_2 纳米管具有较大的比表面积、比管阵列、比表面能和较强的吸附能力，引起各国研究者的广泛关注。

TiO_2 纳米管的制备方法主要有化学处理法、模板法和阳极氧化法。目前，越来越多的研究人员将目光转向阳极氧化法制备 TiO_2 纳米管。与化学处理法相比，阳极氧化 TiO_2 纳米管阵列具有操作简单、可控性好、纳米管排列紧密和不易脱落等优点。

室温下，在 1 mol/L $NaHSO_4$ +0.1 mol/L NaF 溶液中用 10 V 电压阳极氧化钛时，可大致将整个氧化过程划分为 3 个阶段：（Ⅰ）初始氧化膜形成阶段；（Ⅱ）多孔氧化膜形成阶段；（Ⅲ）纳米管阵列形成与稳定生长阶段。在第Ⅰ阶段初期，主要发生如下三个反应：

$$H_2O \longrightarrow 2H^+ + O^{2-}$$

$$Ti - 4e \longrightarrow Ti^{4+}$$

$$Ti^{4+} + 2O^{2-} \longrightarrow TiO_2$$

施加电压的瞬间，阳极表面附近富集水电离产生 O^{2-}。同时，由于电阻电流较大，Ti 迅速溶解，产生大量的 Ti^{4+}。溶解产生的 Ti^{4+} 与 O^{2-} 迅速反应，在阳极表面形成致密的高阻值的初始氧化膜，导致回路电流呈指数性快速下降。

初始氧化膜形成后，O^{2-} 跨过电解液/氧化膜界面，在电场力的驱动下向基体迁移，在氧化膜/金属界面处与钛反应生成氧化物，实现场致氧化生长。

$$Ti + 2O^{2-} \longrightarrow TiO_2 + 4e$$

TiO_2 形成反应可以写为

$$Ti + 2H_2O \longrightarrow TiO_2 + 4H^+ + 4e$$

由于电场的极化作用削弱了氧化膜 Ti—O 键的结合力，导致与 O^{2-} 键合的 Ti^{4+} 越过氧化膜/电解液界面与 F^- 结合变得容易，发生了场致溶解。同时，氧化膜的化学溶解过程也在进行：

$$TiO_2 + 6F^- + 4H^+ \longrightarrow TiF_6^{2-} + 2H_2O$$

金属钛被氧化后，在初始氧化膜中存在内应力。同时，氧化膜中还存在电致伸缩应力、静电力。应力促使少量的 TiO_2 由非晶态转化为晶态。膜层的成分、膜层中的应力与结晶，造成膜层表面的能量分布不均，引起溶液中的 F^- 在高能部位并强烈溶解该处氧化物，导致氧化膜表面凹凸不平。凹处氧化膜薄，电场强度高，氧化膜溶解快，形成孔核。孔核又因持续进行的场致溶解和化学溶解过程而扩展为小孔。

在小孔的生长初期，小孔底部氧化层比空间氧化层薄，因此承受更高强度的电场。强电场 O^{2-} 快速移向基体进行氧化反应，同时也使氧化物加速溶解，故小孔底部氧化层与空间氧化层以不同的速率向基体推进，导致原来较为平整的氧化膜/金属界面变得凹凸不平。随着小孔的生长，孔间未被氧化的金属上凸起，形成峰状，导致电力线集中，增强了电场，使其顶部氧化膜加速溶解，产生小孔腔。小孔腔逐渐加深，将连续的小孔分离，形成有序独立的纳米管阵列结构。

TiO_2 纳米管阵列的制备在自制的二电极反应装置中进行，如图 4-7 所示。金属钛片作为阳极，石墨片作为阴极，两电极保持一定间距，含氟溶液作为电解液，阳极氧化电源为直流稳压稳流电源。阴极和阳极固定在绝缘板上，并与导线相连起导电的作用。

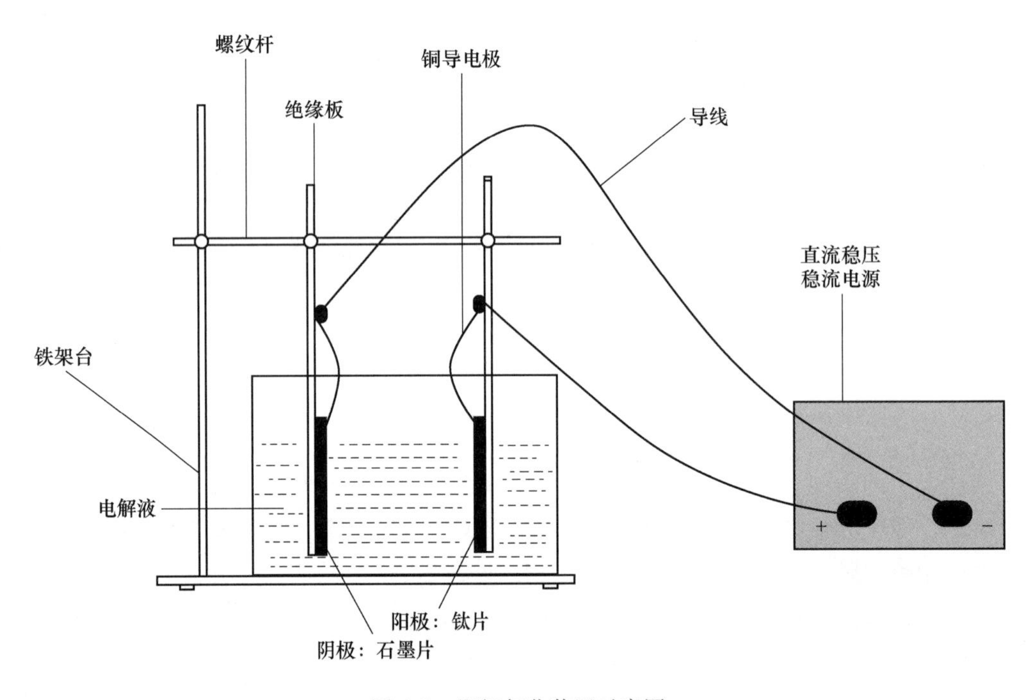

图 4-7 阳极氧化装置示意图

实验原料与仪器

(1) 材料：氢氟酸、氟化铵、无水乙醇、浓硝酸、丙酮、工业纯钛片（纯度 99.9%）、石墨片、去离子水、硝酸银、聚乙二醇、硝酸钾。

(2) 设备：电子天平、数显恒温水浴锅、超声清洗仪、马弗炉、比表面积测定仪、扫描电子显微镜、X 射线衍射仪、X 射线光电子能谱分析仪（XPS）、透射电子显微镜（TEM）、紫外-可见漫反射光谱仪（DRS）、荧光光谱仪（PL）、电化学工作站。

实验过程与步骤

1. 实验一：TiO_2 纳米管阵列的阳极氧化制备与性能测试

（1）阳极试样的预处理。选用工业纯钛，制成 20 mm × 10 mm 的长方形试样，用 300#、600#、1000#的砂纸分别打磨抛光，使表面无划痕，再用去离子水超声清洗，然后分别用无水乙醇、丙酮超声清洗表面 15 min，去除钛片表面的油污，最后用去离子水冲洗表面。将去油污的钛片用体积比为 1∶1 的 HNO_3 和 HF 的混合溶液抛光，然后再用去离子水冲洗表面，烘干待用。

（2）阳极氧化制备 TiO_2 纳米管阵列。采用电化学工作站，分别将钛片和石墨片与直流稳压电源的正负极连接，电解液采用质量分数为 0.2% 氢氟酸的无水乙醇溶液，加载电压为 20 V。整个实验在持续搅拌下进行，阳极氧化过程，钛片表面的颜色变化较大，紫色→蓝色→浅蓝→浅红。电解 30 min 后，将样品洗净，阳极氧化法得到的 TiO_2 薄膜呈非晶态，放入马弗炉中，以 5 ℃/min 升温至 500 ℃，恒温 60 min 后，随炉冷却至室温，得到 TiO_2 纳米管阵列。

（3）阳极氧化制备 TiO_2 纳米管阵列性能测试。

1）晶体结构测试：采用 X 射线衍射仪研究 TiO_2 纳米管阵列的晶体结构。

2）比表面积测试：利用比表面积测定仪测定 TiO_2 纳米管阵列的比表面积。

3）形貌观察：采用扫描电子显微镜观察 TiO_2 纳米管阵列的形貌。

4）光学性能测试：通过测试紫外-可见漫反射和荧光光谱性能进行研究。

（4）对比案例。以质量分数为 0.5% 的 NH_4F 水溶液为电解液，通过电化学阳极氧化所制备的 TiO_2 纳米管阵列的形貌见图 4-8。阳极氧化电压为 20 V，氧化时间为 3 h，并经过 400 ℃热处理。可以看到该样品由均匀的纳米管紧密有序排列而成，纳米管平均管径约为 91 nm，管长约为 720 nm。

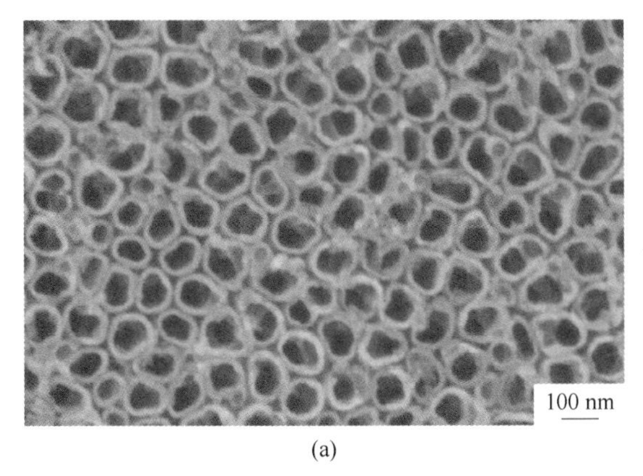

(a)

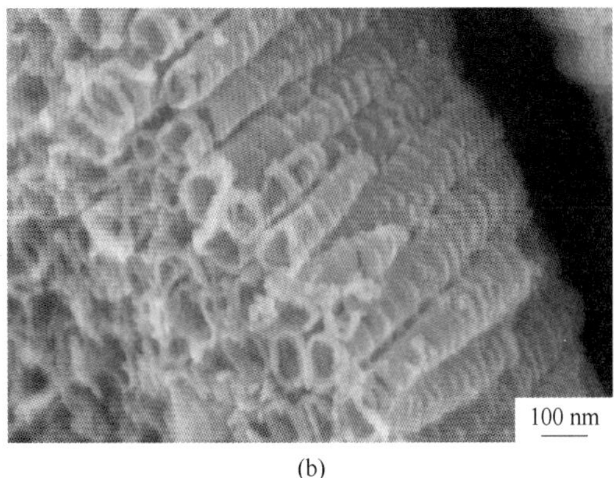

(b)

图 4-8　以质量分数为 0.5% 的 NH_4F 水溶液为电解液在 20 V 电压下阳极氧化 3 h 所制备的 TiO_2 纳米管阵列形貌结构

（a）正面形貌；（b）侧面形貌

2. 实验内容二：Ag 修饰 TiO_2 纳米管阵列光阳极的制备

制备 Ag 修饰 TiO_2 纳米管阵列光阳极，采用电沉积法。电沉积是使用电化学工作站，利用恒电位法在 TiO_2 纳米管阵列表面通过 $AgNO_3$ 引入沉积 Ag 纳米粒子。反应装置采用以 TiO_2 阵列作阴极，石墨片作阳极，饱和甘汞电极（SCE）作参比电极的三电极结构。沉积电位为 -1.1 V/SCE，电解液为聚乙二醇、硝酸银和硝酸钾的混合溶液，其中硝酸银为 0.02 mol/L。

实验结果与处理

（1）改变电解液的温度、浓度，研究其对 TiO_2 纳米管阵列结构和性能的影响，如图 4-9 所示。

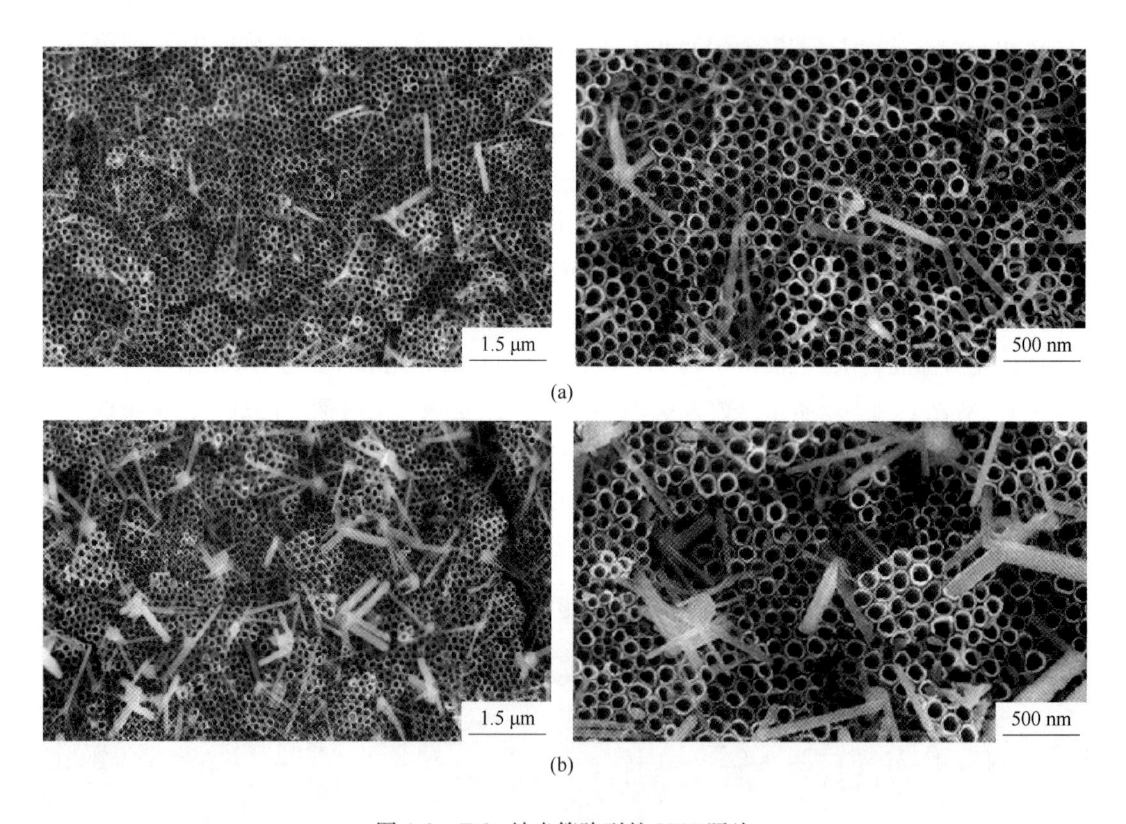

图 4-9 TiO_2 纳米管阵列的 SEM 照片

（a）电解液温度 25 ℃；（b）质量分数为 0.2% 的氢氟酸

（2）改变电压、热处理温度等实验条件，研究其对 TiO_2 纳米管阵列结构和性能的影响。

（3）采用 TEM 观察 TiO_2 纳米管阵列的形貌和统计其孔径尺寸。

（4）利用紫外-可见漫反射光谱仪测试 TiO_2 的光学禁带宽度。

（5）利用 XPS 分析 Ti 的化合价。

注意事项

(1) 环境与设备准备。实验室应保持干燥且有良好的通风条件，以防止水分对过程的干扰。电源应稳定并具备过流保护功能，以避免电流过大造成危险或损坏设备。

(2) 操作过程方面。在操作前应对金属表面进行清洁，去除油污、氧化物和其他杂质，以提高后续处理的效果和均匀性。在操作过程中要佩戴化学防护手套和化学防护眼镜，以防化学品对身体造成伤害。完成处理后，要及时将残余的电解液清洗干净并进行后续的封闭处理等，以增强膜的耐久性和稳定性。

(3) 安全注意事项。操作人员应穿戴好防护装备，包括手套、眼镜、口罩和工作服等。阳极氧化液有一定的腐蚀性，操作时要避免直接接触皮肤和吸入气体。严禁在阳极氧化过程中离开现场，避免发生安全事故。

定期检查设备和电源，确保正常运行。

思考题

(1) TiO_2 纳米管阵列制备及其性能的影响因素有哪些，各影响因素的作用是什么？

(2) 如何改变或调整 TiO_2 纳米管阵列尺寸？

(3) 除阳极氧化法以外，TiO_2 纳米管阵列的制备方法还有哪些？

(4) 有机电解液和反应时间对 TiO_2 纳米管形貌的影响？

(5) 试对 TiO_2 纳米管晶型和生成机理进行讨论分析。

参考文献

[1] 吴志刚. 二氧化钛纳米管阵列复合电极的制备与检测性能研究 [D]. 天津：河北工业大学，2021.

[2] 刘昌勇. 氧化钛纳米管中金属有机骨架材料的生长及光电性能研究 [D]. 沈阳：东北大学，2019.

实验 4-5 热压法制备 LLTO-PVDF 纳米复合固态电解质

实验目的

（1）了解 LLTO-PVDF 纳米复合材料在锂离子电池中的作用。

（2）掌握热压工艺制备复合材料的工艺特点。

（3）掌握电化学阻抗谱的拟合方法和电化学性能测试原理。

实验原理

固态电解质是固态电池的核心材料，是实现全固态电池高能量密度、高循环稳定性和高安全性能的关键材料，其研究进展直接影响固态电池的产业化进程。锂金属电池用固态电解质通常可以分为三种类型：固态聚合物电解质、固态无机电解质和固态复合电解质。固态无机电解质与高压正极匹配时，在电极的界面处易于发生副反应，导致界面的稳定性差，严重影响电池动力学。聚合物电解质普遍具有较低的锂离子迁移率，这导致其电导率大幅低于常规有机液体的电导率。同时聚合物电解质的耐热性和力学性能较低，这使得在应用于锂金属电池领域时，单一聚合物电解质无法完全阻止锂枝晶生长。因此，为了充分利用无机和聚合物电解质各自的优势而回避各自的缺陷，通常将无机和聚合物电解质通过各种方法复合开发固态复合电解质。它们兼具无机电解质和聚合物电解质的优点：

（1）固态复合电解质具有聚合物的柔韧性，适合规模化生产和扩展性应用；

（2）聚合物的存在可以提高电极与无机电解质的界面稳定性并减小界面阻抗；

（3）无机电解质与聚合物电解质复合可以增强聚合物和锂盐的作用，从而提升电导率，同时提升热稳定性和力学性能。

热压工艺是有机-无机复合电解质材料制备过程中简单、普遍的加工方法，主要是利用加热加工模具后，注入试料，以压力将模型固定于加热板，控制试料的熔融温度及时间，以达融化后硬化、冷却，再予以取出模型成品即可。通过热电工艺的调节，促使固态复合电解质的性能得到最优化，提高锂离子电池的能量密度和循环性能，图 4-10 所示为热压机的实物图，其被广泛应用于制备有机-无机纳米复合材料。

实验原料与仪器

（1）原料：乙酸镧、乙酸锂、钛酸四丁酯、PVDF 粉末、CTAB、NMP、三乙醇胺、无水乙醇、锂片、去离子水。

（2）仪器：超声波清洗仪、磁力搅拌器、电子天平、马弗炉、电池恒温测试系统、超净化手套箱、烘箱、蓝电电池性能测试系统、X 射线衍射仪、红外光谱仪。

实验过程与步骤

1. 纯 PVDF 膜和复合电解质膜的制备

设计复合固态电解质的结构。按照 ABA 结构设计电解质结构，A 层为 LLTO 和 PVDF 的复合层，B 层为纯 PVDF 层。

图 4-10　热压机实物照片

将乙酸镧、乙酸锂和钛酸四丁酯为原材料制备获得的 LLTO 粉体置于 NMP 溶剂中，超声分散 30 min，再加入相应含量的 PVDF 粉末，得到混合均匀、流动性良好的 LLTO/PVDF 浆料。采用流延成型工艺分别获得纯 PVDF 和不同体积比 LLTO 含量（10%、20%、30%、40%（体积分数））的 LLTO/PVDF 复合固态电解质。

2. 多层结构复合电解质的制备

采用热压工艺制备多层结构复合固态电解质。对比不同组分组合的多层复合固态电解质的电化学性能，研究不同结构复合固态电解质对电化学性能的影响机理，选出最佳多层复合固态电解质。

在温度为 180 ℃、压力为 10 MPa、时间为 10 min 的条件下，制备两种不同的“三明治”结构复合电解质。第一种是上下两层为纯 PVDF，中间层为 40%（体积分数）的 LLTO/PVDF，即 PVDF-LLTO/PVDF-PVDF。另一种结构是中间层为纯 PVDF，上下两层为 40%（体积分数）的 LLTO/PVDF，即 LLTO/PVDF-PVDF-LLTO/PVDF。

3. 复合固态电解质的电化学性能测试

电池组装方式分别为对称锂电池（Li‖CPE‖Li）和锂｜LFP（Li‖CPE‖LFP）电池。

（1）交流阻抗测试（EIS）以及电导率和活化能的计算。进行电导率测试时，将固态电解质装配成 SS‖CPE‖SS 电池。进行交流阻抗（EIS）测试，测试频率选择范围为 10^6 ~ 10^{-2} Hz。在不同温度下（25 ℃、40 ℃、55 ℃、70 ℃、85 ℃）测试后得到交流阻抗谱图，经过 ZView3 拟合后得到本体阻抗，阻抗拟合图如图 4-11 所示。

根据式（4-1）计算固态电解质的电导率：

$$\sigma = \frac{d}{R \times S} \tag{4-1}$$

式中 d——固态电解质薄膜的实际厚度，cm；

R——固态电解质的本体阻抗，Ω；

S——固态电解质与电极间的接触面积，cm^2。

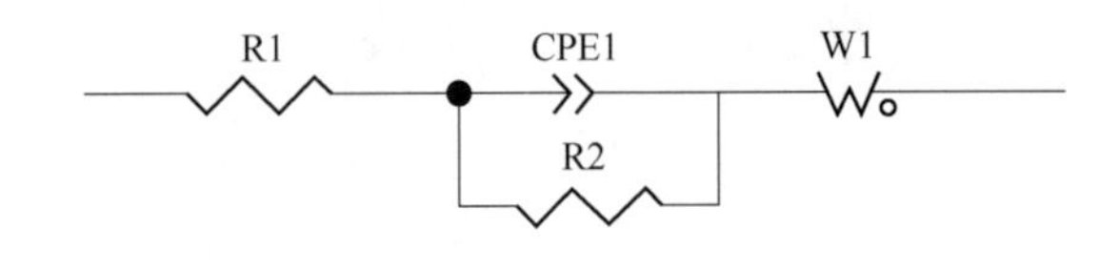

图 4-11 等效电路图

电解质材料的离子电导率受温度的影响，经过研究发现，$\lg\sigma$ 与 $1000/T$ 之间存在线性关系。因此，依赖于温度的离子电导率适用于 Arrhenius 公式：

$$\sigma(T) = A\exp\left(-\frac{E_a}{RT}\right) \tag{4-2}$$

式中 A——指前因子；

T——绝对温度，K；

E_a——离子跃迁传导过程所需要的活化能，eV；

R——玻耳兹曼常数，0.025852 eV。

（2）电化学窗口测试。测试固态电解质的电化学窗口时，将固态电解质装配成 Li | CPE | SS 电池，进行线性电势扫描（LSV 测试），电势范围选择为 2.0 ~ 6.0 V，设置扫速为 5 mV/s。当测试曲线在一个电压范围内水平稳定在电流接近 0 的位置时，即说明在该范围内固态电解质处于电化学稳定状态。当超过这个电压范围时，电流会逐渐上升，将电流上升时的电压称为氧化分解电位。

（3）锂离子迁移数测试。进行锂离子迁移数测试时，将固态电解质装配成 Li‖CPE‖Li 电池。首先进行 EIS 测试，频率范围选择 10^6 ~ 10^{-2} Hz，首先测试反应之前的界面阻抗。随后进行计时电流法（CA）测试，极化电位选择 0.01 V，极化时间选择 3000 s，进一步测试电流-时间曲线。恒电位极化后，再进行 EIS 测试，测试恒电位极化之后的界面阻抗，根据式（4-3）计算出固态电解质的锂离子迁移数。

$$t_{Li^+} = \frac{I_S \times (\Delta V - I_0 R_0)}{I_0 \times (\Delta V - I_S R_S)} \tag{4-3}$$

式中 t_{Li^+}——固态电解质的锂离子迁移数；

ΔV——直流极化时施加的极化电位，V；

I_0——直流极化过程中的初始电流值，A；

I_S——直流极化过程中的稳定电流值，A；

R_0——直流极化前的界面阻抗值，Ω；

R_S——直流极化后的界面阻抗值，Ω。

（4）金属锂剥离/沉积测试。将固态电解质装配成 Li‖CPE‖Li 电池，利用蓝电电池测试仪进行测试，记录电压-时间曲线，测试结果能反映出金属锂与固态电解质的界面在循环过程中是否稳定。在测试过程中电流密度的大小选择为 0.1 mA/cm^2。

采用 CR2032 型扣式电池来测试复合固态电解质的电化学性能，其中，选用金属锂电极片作为正负极材料，组装对称电池，并以制备的复合电解质作为固态电解质材料，来组装成固态电池。具体的操作流程为：首先超声清洗除去复合电解质的表面杂质并在烘箱中烘干处理，使固态电解质保持在373 K下，然后将Li片放在复合固态电解质表面，并进行冷等静压。为了防止短路，尽可能控制Li片的尺寸小于复合固态电解质的直径，将压好的带有锂片的复合固态电解质放入正极壳内进行加热（523 ~ 623 K）实现浸润，然后将两边都浸润Li片的复合固态电解质上面放置泡沫镍，其次在其上放置不锈钢弹片，最后将负极壳盖上，组装纽扣式电池。整个组装结构、过程示意图如图4-12所示。

以上所有操作都是在充满氩气的手套箱中（水、氧含量都小于0.5×10^{-6}）进行的，并且电池在室温下静置24 h后即可进行性能测试。

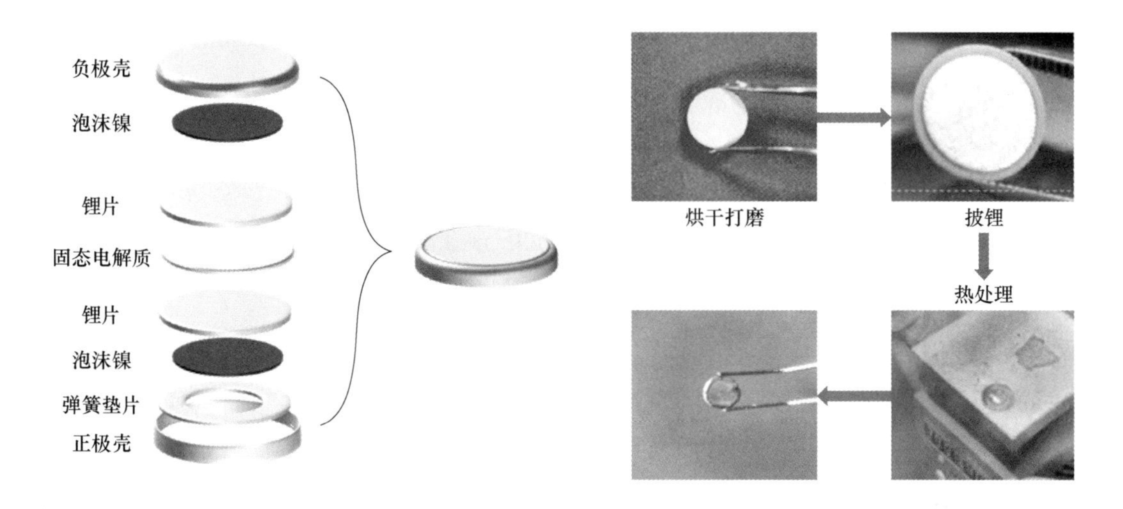

图4-12 全固态电池组装的结构与过程示意图

实验结果与处理

（1）采用红外光谱仪分析PVDF与LLTO/PVDF的化学键、聚合物电解质和复合电解质内部的化学相互作用。

（2）采用X射线衍射仪对多通道中空LLTO陶瓷粉体、PVDF聚合物固态电解质与LLTO/PVDF复合固态电解质的物相组成进行分析和表征。

（3）采用SEM观察多通道中空LLTO陶瓷粉体的形貌，并通过EDS对样品元素成分进行定性定量分析。

（4）根据应力-应变曲线（见图4-13），分析其力学性能变化规律，并给出相关进一步提升其力学性能的方法，其中拉伸速度为0.5 mm/min，试样宽度为15 mm。

（5）在进行固态锂电池性能测试时，以金属锂为负极、$LiFePO_4$（LFP）为正极，装配Li‖CPE‖LFP电池，通过蓝电电池测试仪在2.5 ~ 4.0 V的电压范围内进行恒电流充放电循环测试（1 C = 170 mA·h/g），测试温度为室温。其中循环性能测试的电流密度为0.2 C，倍率性能的电流密度范围为0.1 C、0.2 C、0.5 C和1 C。

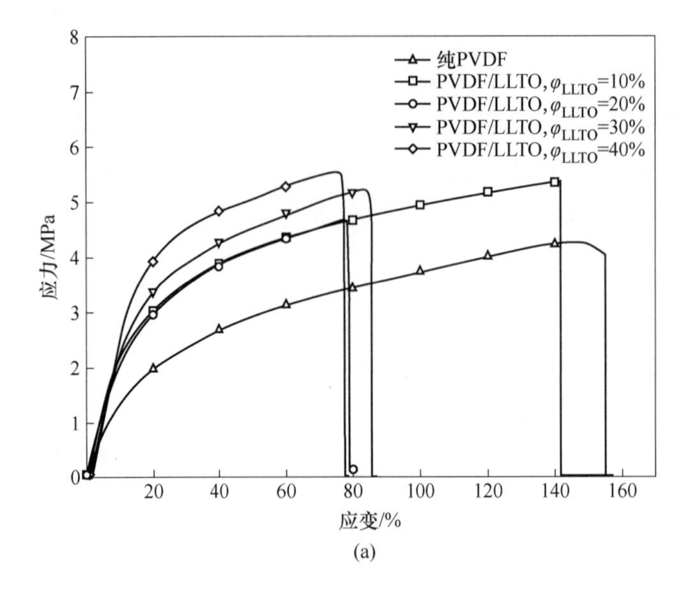

(a)

(b)

图 4-13 复合固态电解质的力学性能

（a）应力-应变曲线；（b）拉力测试实物照片

注意事项

（1）电极材料也是实现全固态电池的关键因素之一。传统的电极材料通常由金属、导体和碳复合材料等制成，但这些材料的导电性能、稳定性等都面临一定的挑战。因此，选择合适的电极材料，以满足全固态电池的特殊需求，也是实验的重点之一。

（2）在实验研究方面，还需要考虑全固态电池制备过程中的温度、湿度、化学反应等因素对电池性能的影响。因此，对材料的热力学性质和热力学稳定性、化学反应速率等方面的研究也是十分必要的。通过这些控制措施，可以确保实验数据的准确性和可靠性，从而为全固态电池的技术发展和应用提供有力的支持。

思 考 题

（1）固态电解质如何分类，各有哪些优缺点？

（2）全固态电池组装时每部分有什么要求？

（3）全固态电池中固-固接触与固-液接触面积小导致界面接触阻抗高，讨论界面对锂离子通道的影响作用。

（4）电化学阻抗谱能得到什么信息，如何计算锂离子迁移率？

（5）热压法还能够制备哪些类型的有机-无机复合材料？

参 考 文 献

[1] 王鑫. PEO/LLZTO 复合固态电解质的设计、制备及改性研究［D］. 长沙：中南大学，2023.

[2] 程元. 无机/有机复合锂离子电池固态化安全电解质的制备与综合性能研究［D］. 合肥：中国科学

技术大学，2020.
[3] 李卓．聚合物固体电解质的制备、导电机理和性能优化及固态锂电池研究［D］．武汉：华中科技大学，2020.
[4] 李博昱．固态聚合物复合电解质的制备及其在锂金属电池中的应用研究［D］．西安：陕西科技大学，2021.
[5] WANG L X，SHI Z M，FENG X M，et al. Boosting electrochemical properties of $Li_{0.33}La_{0.55}TiO_3$-based electrolytes with Ag incorporatio［J］．Journal of Alloy and Compounds，2024，981：173720.

实验4-6　聚焦离子束加工制备GaN纳米半导体材料

实验目的

（1）了解聚焦离子束加工纳米材料的基本原理。
（2）掌握纳米半导体材料的成分分析方法。
（3）学习聚焦离子束刻蚀GaN纳米半导体材料的操作方法。

实验原理

1. 离子束刻蚀原理

离子束刻蚀是一种纯物理过程，可适用于任何材料，因此，离子束刻蚀的掩模和衬底不可能有太好的选择比，不可能实现较深的刻蚀。离子定向轰击保证了离子与目标材料的化学反应具有很好的方向性，因而使RIBE同样具有较高的各向异性能力；另外，还能强化表面所吸附气体分子与表面材料的化学反应，从而成倍地提高了对目标材料的刻蚀速度，同时大幅提高了刻蚀的选择比，使得大深宽比的图形刻蚀成为可能。

在离子束刻蚀中，刻蚀速率由很多因素决定，如入射离子能量、束流密度、离子入射角度、材料成分及温度、气体与材料化学反应状态及速率、刻蚀生成物、物理与化学功能强度配比、材料种类和电子中和程度等。

离子束系统的“心脏”是离子源。目前技术较成熟，应用较广泛的离子源是LMIS，其源尺寸小、亮度高、发射稳定，可以进行微纳米加工。同时其要求工作条件低（气压小于10 Pa，可在常温下工作），能提供Al、As、Au、B、Be、Bi、Cu、Ga、Fe、In、P、Pb、Pd、Si、Sn及Zn等多种离子。由于Ga（镓）具有低熔点、低蒸气压及良好的抗氧化力，成为目前商用系统采用的离子源。

FIB系统由离子束柱、工作腔体、真空系统、气体注入系统及用户界面等组成。其工作原理为：在离子柱顶端的液态离子源上加上较强的电场，来抽取出带正电荷的离子，通过同样位于柱中的静电透镜，一套可控的上、下偏转装置，将离子束聚焦在样品上扫描，离子束轰击样品后产生的二次电子和二次离子被收集并成像。典型的聚焦离子束系统的工作电流在1 pA～30 nA之间。在最小工作电流时，分辨率均可达5 nm。目前已有多家公司可以提供商品聚焦离子束系统，其中以美国FEI公司的产品占主导地位。该公司可提供一系列通用或专用聚焦离子束机，包括结构分析系列与掩模缺陷修补系列的电子离子双束系统与集成电路片修正系统。

双束系统的优点是兼有扫描镜高分辨率成像的功能及聚焦离子束加工的功能。用扫描电镜可以对样品精确定位并能实时观察聚焦离子束的加工过程。聚焦离子束切割后的样品可以立即通过扫描电镜观察。工业用机的自动化程度高，可装载硅片的尺寸为6～8 ft（1 ft = 0.3048 m）。

2. 聚焦离子束加工的特点

聚焦离子束加工在微细加工和超精密加工中是最有前途的原子、分子加工单位的加工方法。其特点有：

（1）加工精度和表面质量高。离子束加工是靠微观力效应，被加工表面层不产生热量，不引起机械力和损伤。离子束斑直径可达 1 nm 以内，加工精度可达 am 级。

（2）加工材料广可对各种材料进行加工。对脆性、半导体、高分子等材料均可加工。由于是在真空下进行加工，故适于加工易氧化的金属、合金和半导体材料等。

（3）加工方法多样。离子束加工可进行去除、镀膜、注入等加工，利用这些加工原理出现了多种多样的具体方法，如成形、刻蚀、减薄、曝光等，在集成电路制作中占有极其重要的地位。

（4）控制性能好，易于实现自动化。

（5）应用范围广泛，可以选用不同离子束的束斑直径和能量密度来达到不同的加工要求。

通过聚焦离子束对芯片进行加工结果见图 4-14。

图 4-14　聚焦离子束加工硅芯片照片

实验原料与仪器

（1）原料：碳化硅块体、氮化镓块体、金刚石、无水乙醇、去离子水。

（2）仪器：聚焦离子束/扫描电镜双束系统（FIB/SEM）、透射电子显微镜（TEM）。

实验过程与步骤

1. 纳米半导体材料的制备

（1）样品准备：分别将碳化硅和金刚石作为实验对象，加工成尺寸为 2 mm×2 mm×2 mm 的块体。

（2）样品清洗：使用无水乙醇和去离子水清洗样品，去除块体表面的污垢和杂质。

（3）样品安装：将清洗好的块体材料放入 FIB 系统的样品室，确保样品固定牢固。

（4）FIB 系统校准：使用校准靶材对 FIB 系统进行校准，确保离子束的聚焦精度。

（5）离子束照射：设定合适的电流和电压，将离子束聚焦到样品表面，观察并记录实验现象。

2. 聚焦离子束技术加工氮化镓材料

氮化镓具有直接带隙、大的禁带宽度（3.4 eV）、高电子迁移率、高热导率等优点，被广泛用于制备光电器件、大功率器件及高电子迁移率器件等。目前以 GaN 为衬底的同质生长技术生长的氮化镓晶体虽然缺陷少，但是成本高。

图 4-15 所示为基于 FIB/SEM 制备 GaN 截面 TEM 样品的主要步骤。首先，在离子束切割之前，保持样品台未倾转，利用电子束在目标位置沉积一层薄的碳层（约为 200 nm），保护并标记目标区域，此时加速电压为 5 kV，束流为 0.4 nA。然后，将样品台

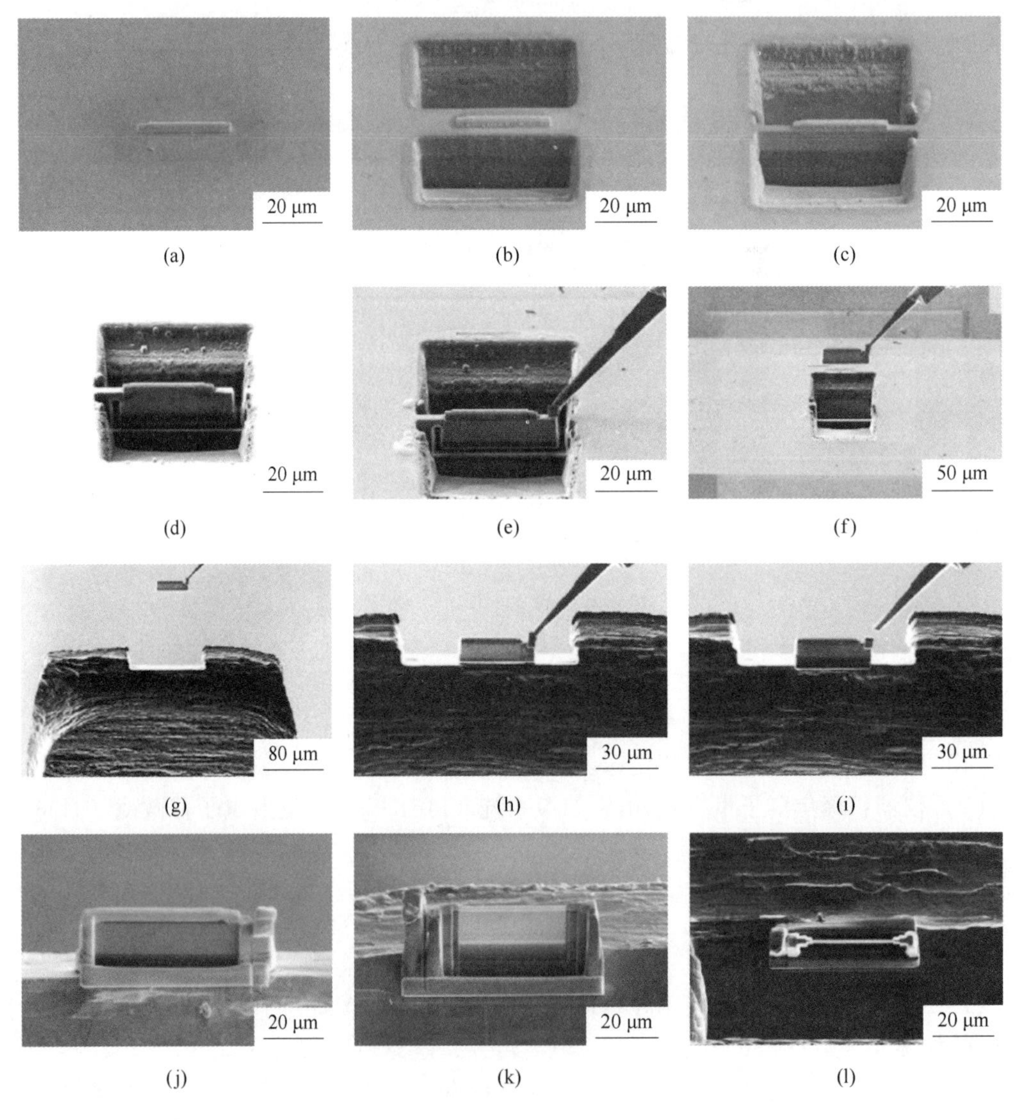

图 4-15　基于 FIB-SEM 双束系统的 GaN 截面样品制备过程

（a）~（l）依次为离子束加工 GaN 芯片的过程中每个阶段的 SEM 照片

移动到共心位置并倾转到52°，利用离子束在电子束沉积的碳膜上继续沉积一层铂（Pt），铂的厚度约为800 nm，防止后续加工中的高能离子损伤目标区域（图4-15(a)），此时加速电压为30 kV，束流为80 pA。将束流变为9 nA，在铂保护层的两侧利用离子铣出两条沟槽（图4-15(b)）。这两个沟槽距离保护层0.5～1 μm，以防止大离子束对目标区域造成损害。然后，减少离子束流到2.5 nA，进一步铣削样品至1 μm厚度，如图4-15（c）所示。将薄片切成“U”形，TEM样品的底部和一侧被切掉，另一侧被保留用于后续的样品提取（图4-15(d)）。通过离子辅助沉积（通常是Pt）将原位机械臂与薄片的一角进行焊接（图4-15(e)），切断薄片和大块样品之间的剩余连接部分（图4-15(f)）。利用原位机械臂移动薄片样品，将其转移并焊接到一个专门设计的FIB栅格上（图4-15（g）～(i)）。最后，用离子束将样品减薄至100 nm左右（图4-15(j)～(l)）。在TEM样品减薄过程中，Ga^+的加速电压逐渐降低，从30 kV（对于厚度<150 nm）到5 kV和2 kV。对于最后一步，考虑到较低能量的Ga^+会导致更薄的非晶化损伤，2 kV的加速电压被用作样品最后的减薄，从而最小化非晶层厚度，减少样品损伤。

实验结果与处理

（1）采用SEM观察材料的形貌和组成。

（2）采用TEM技术记录原子尺度下样品的晶体结构。

（3）采用四探针法测试加工半导体芯片材料的导电性。

注意事项

（1）聚焦离子束加工技术对环境有较高要求，不易于控制，加工一致性较难保证。

（2）时间消耗多，工艺慢，而且因为刻蚀器的输出大小、离子的发射率和刻蚀率之间的关系是波动的，因此，加工精度不易保证。

（3）离子束刻蚀加工技术操作过程复杂，须严格按照要求进行操作。

思考题

（1）聚焦离子束加工技术与紫外光刻技术相比，具有哪些明显优势？

（2）GaN半导体材料有哪些应用领域？

（3）如何保证聚焦离子束刻蚀加工技术的稳定性和工艺可靠性，怎样减小加工误差和提升加工速度？

（4）GaN材料的基本物理特性如何，比如禁带宽度、热导率、电子迁移率等？

（5）除了半导体加工外，聚焦离子束技术还有哪些应用领域？

参考文献

[1] 张子健．原位聚焦离子束技术在先进微纳器件材料加工中的应用［D］．上海：华东师范大学，2022.

[2] 贾瑞丽，徐宗伟，王前进．面向Ga^+和惰性离子的聚焦离子束加工机理的研究［J］．电子显微学报，2016，35（1）：63-69.

[3] 徐宗伟，李万里，兀伟，等．聚焦离子束加工单晶体金刚石刀具实验研究［J］．纳米技术与精密工程，2014，12（6）：424-428.

5 综合性实验

实验 5-1　氧化铁纳米粉体的制备与电学性能测试

实验目的

（1）掌握化学沉淀法制备氧化铁纳米粉体的合成原理。

（2）掌握循环伏安法测试电化学性能的原理及方法。

实验原理

1. 氧化铁纳米粉体的制备

氧化铁纳米材料由于原料丰富，化学性质稳定，结构多变，电化学性能优异，在工业生活和航空领域（如气敏材料、吸波材料、催化、吸附和电池）中有着广泛的应用前景，是研究学者热点研究材料。因此，如何经济地并且大规模地制备氧化铁纳米材料，并且利用循环伏安法测试其电化学性能有利于扩大其在电池、超级电容器等方面的应用。氧化铁纳米材料的合成方法多种多样，按照制备环境可以分为干法和湿法两种。干法经常使用羰基铁或者二茂铁等作为原料，采用热解、气相沉积、低温等离子体化学气相沉积法或激光热分解法制备。湿法多以二价或三价铁盐为原料，采用沉淀法、水热法、水解法、胶体化学法制备。

沉淀法由于成本低、操作简单，是液相化学合成高纯度纳米微粒采用的最广泛的方法之一。沉淀法制备过程是先在溶液环境中溶解一种或多种可溶性铁盐溶液，然后加入适当的沉淀剂（OH^-、$C_2O_4^{2-}$、CO_3^{2-} 等），形成不饱和的氢氧化物、水和氧化物和盐类，从溶液中析出，并将溶剂和溶液中原有的阴离子洗去，经过热分解或者脱水即可得到所需的氧化物颗粒，主要有直接沉淀法、共沉淀法、均匀沉淀法和水解法。均匀沉淀法利用均匀沉淀的原理，控制沉淀的浓度，并缓慢加入沉淀剂使溶液处于平衡状态。沉淀剂在整个溶液过程中均匀出现，避免直接加入沉淀剂造成的局部不均匀性。只要很好地控制生成沉淀剂的反应速度，便可使过饱和控制在适当的范围内。使铁盐（硫酸亚铁或硫酸铁、氯化亚铁或氯化铁）在氨类化合物（尿素等）的水溶液或非水溶液中反应，制得氧化铁。反应温度必须严格控制，温度过高则水分蒸发过快，体系浓度难以控制，同时铁盐的水解加剧，易出现成核不均的现象；温度过低，则不利于水解的进行。当水解反应发生时，氨类化合物加热产生 NH_4^+、OH^- 等，可以促进和控制铁盐的水解，达到快速均匀成核的目的，从而减少强水解引进的杂质。这种方法的优点是能够精确控制粒子的化学组成，容易向其中添加有效成分，控制多种成分均匀的高纯复合物，但是影响制备的因素较多，如浓度、pH 值、温度、时间等。

当采用二价铁盐作为原料时，需要在制备过程中将二价铁氧化为三价铁，因此又称为氧化沉淀法。根据氧化、沉淀的顺序不同，又可以分为酸法和碱法两种：酸法是在酸性条件下，先氧化然后沉淀，常见有空气氧化法和氯酸盐氧化法；碱法是先沉淀后氧化的过程，在复合添加剂的存在下，向 Fe^{2+} 化合物中加入碱性沉淀剂如氢氧化钠、氨水、碳酸盐等，得到 $Fe(OH)_2$ 或 $FeCO_3$ 沉淀，然后通入空气氧化，最后过滤、水洗、干燥、煅烧。

2. 循环伏安法

循环伏安法是最重要的电化学分析方法之一。该法控制电极电势以不同的速率，随时间以三角波形一次或多次反复扫描，电势范围是使电极上能够交替发生不同的还原和氧化反应，并记录电流-电势曲线。根据曲线形状可以判断电极反应的可逆程度，中间体、相界吸附或新相形成的可能性，以及偶联化学反应的性质等。常用来测量电极反应参数，判断其控制步骤和反应机理，并观察整个电势扫描范围内可发生哪些反应，以及其性质如何。在一个典型的循环伏安实验中，工作电极一般为浸在溶液中的固定电极，利用三电极体系，电流通过工作电极和对电极。工作电极电位是以一个分开的参比电极（如饱和甘汞电极）为基准的相对电位。通过测定电解过程中的电压-电流参量的变化来进行定量、定性分析。

将线性扫描电压施加到电极上，从起始电压 U_i 开始沿某一方向扫描到终止电压 U_s 后，再以同样的速度反方向扫至起始电压，加压线路成等腰三角形，完成一次循环。根据实际需要，可以进行连续循环扫描。当三角波电压增加时，即电位从正向负扫描时，溶液中氧化态电活性物质会在电极上得到电子发生还原反应，产生还原峰。

$$O + ne^- \rightleftharpoons R$$

由于电势越来越负，电极表面反应物 O 的浓度逐渐下降，因此向电极表面的流量和电流就增加。当 O 的表面浓度下降到接近于零时，电流也增加到最大值 I_{pc}，然后电流逐渐下降。当电势达到 φ_r 后，改为逆向扫描。当逆向扫描时，电极附近可氧化的 R 粒子的浓度较大，在电势接近并通过平衡电势时，在电极表面生成的还原性 R 又发生氧化反应，产生氧化峰。

$$R \rightleftharpoons O + ne^-$$

电流增大到峰值氧化电流 $(I_p)_a$，随后又由于 R 的显著消耗而引起电流衰减。因此一次三角波扫描即完成一个还原和氧化过程的循环。故该法称为循环伏安法，其电流-电压曲线称为循环伏安图，如图 5-1 所示。如果电活性物质可逆性差，则氧化峰和还原峰的高度不同，对称性也较差。

测量确定 I_p 的方法是：沿基线做切线外推至峰下，从峰顶作垂线至切线，其间高度即为 I_p。

I_p 峰电流的计算公式为

$$I_p = kn^{3/2}AD^{1/2}cv^{1/2} \tag{5-1}$$

式中　A ——电极面积，cm^2；

D ——扩散系数，cm^2/s；

c ——浓度，mol/L；

n ——交换电子数；

v——扫描速度，mA/cm^2；

k——Randles-Sevcik 常数（2.69×10^5）。

从循环伏安图上读取以下数据（I_p）$_c$，（I_p）$_a$，（φ_p）$_c$，（φ_p）$_a$，计算；$\frac{(I_p)_a}{(I_p)_c}\approx1$；$\Delta\varphi=(\varphi_p)_c-(\varphi_p)_a=\frac{0.059}{n}$，作图并验证以下公式：$I_p\sim c$；$I_p\sim v^{1/2}$；$I_p=2.69\times10^5n^{3/2}\times AD^{1/2}cv^{1/2}$。

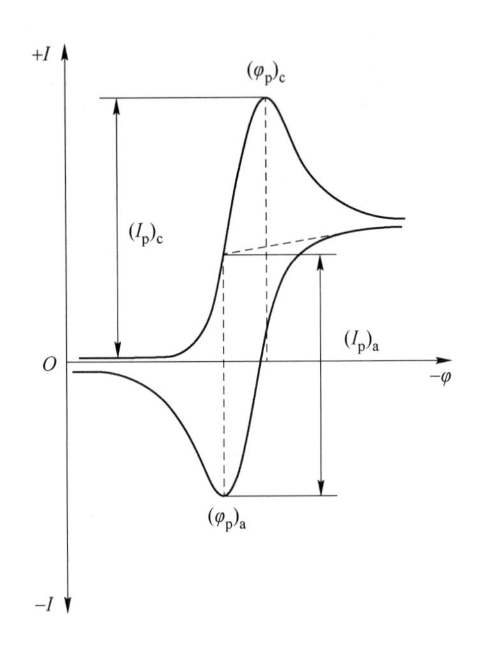

图 5-1 循环伏安曲线图

实验原料与仪器

（1）原料：$FeCl_3$、KOH、无水乙醇、氨水、去离子水、泡沫镍、Nafion 溶液。

（2）仪器：电子天平、反应釜、真空烘箱、真空管式炉、电化学工作站（见图 5-2）、离心机、X 射线衍射仪、扫描电子显微镜。

实验过程与步骤

1. 沉淀法制备氧化铁纳米粉体

（1）配置饱和 $FeCl_3$ 溶液：在常温（20 ℃）时，$FeCl_3$ 的溶解度是 92 g/100 mL，物质的量浓度是 5.68 mol/L。在机械搅拌作用下配置饱和溶液，然后密封保存。

（2）按照乙醇：去离子水为 0.3：8 的比例添加乙醇至饱和 $FeCl_3$ 溶液中，然后在饱和 $FeCl_3$ 混合溶液中加入 80 ℃的蒸馏水，缓慢添加氨水，快速搅拌，使之发生沉淀反应，然后静置 30 s，结束加热，使混合液自然冷却。

图 5-2　东华 DH7000 电化学工作站

（3）所得产物用 50 mL 去离子水洗涤六次，无水乙醇洗涤两次。

（4）洗涤后的产物 60 ℃干燥。

（5）将干燥后的产物放在石英舟中，置于石英管，在真空管式炉中煅烧样品。在空气气氛中以 5 ℃/min 的升温速率升高温度至 550 ℃，煅烧 1 h，然后自然冷却得到产物，留在离心管中备用。

2. 纳米氧化铁粉体的结构表征

（1）采用扫描电子显微镜对产物进行微观形貌分析。

（2）通过 X 射线衍射仪分析纳米氧化铁粉体物相组成。

3. 电化学性能的测试

（1）工作电极的制备：称取 5 mg 氧化铁加入 100 μL 质量分数为 5% 的 Nafion 溶液于离心管中，加入 90 μL 乙醇超声分散 30 min。将分散好的溶液滴加到泡沫镍上。

（2）电解液的制备：称取 2.8 g KOH 溶解在 50 mL 去离子水中，制备 c(KOH) = 1 mol/L 电解质溶液。

（3）将三电极分别插入电极夹的三个小孔中，使电极浸入电解质溶液中，将电化学工作站的红色夹头夹 Pt 片电极，蓝色夹头夹饱和甘汞电极，绿色夹头夹工作电极。工作电极和对电极处在相同高度相对放置，参比电极与工作电极靠近。点击开始，选中循环伏安，点击进行参数设置，设置初始电压、最高电压、最低电压和终止电压，扫描速度 10 mV/s，点击确定，点击开始测试循环伏安曲线。

（4）实验完毕，清洗电极、电解池，将仪器恢复原位，桌面擦拭干净。

实验结果与处理

（1）采用扫描电子显微镜对产物进行微观形貌分析。

（2）通过 X 射线衍射仪分析氧化铁纳米粉体物相组成。

（3）绘制并分析氧化铁纳米粉体循环伏安曲线，作图并验证以下公式：$I_p \sim c$；$I_p \sim v^{1/2}$；$I_p = 2.69 \times 10^5 n^{3/2} A D^{1/2} c v^{1/2}$。

注意事项

（1）注意水热反应实验安全，切勿触碰高温状态下的反应釜。

（2）使用反应釜需严格按照规范要求进行操作。

（3）测试电化学性能时注意设备使用及维护。

思 考 题

（1）影响氧化铁纳米粉体制备的因素有哪些？

（2）归纳沉淀法的合成步骤。

（3）循环伏安法的应用有哪些？

参 考 文 献

[1] 王峰义. 宏量制备的金属纳米粉体功能化研究［D］. 兰州：兰州大学，2018.

[2] 何小芳，姜鹏，刘玉飞，等. Nano-Fe_2O_3 的制备及其改性聚合物研究进展［J］. 塑料助剂，2011（6）：7-12.

实验 5-2　锂离子电池组装与性能测试

实验目的

（1）掌握锂离子电池的结构及工作原理。

（2）掌握锂离子电池的主要性能及评价方法。

（3）了解锂离子电池充放电特性及倍率性能之间的关系。

实验原理

1. 锂离子电池

锂离子电池是指正负极为 Li^+ 嵌入化合物的二次电池。电池主要由正极、负极、隔膜和电解液四部分组成。正极通常采用锂过渡金属氧化物 Li_xCoO_2、Li_xNiO_2 或 $Li_xMn_2O_4$，负极采用锂-碳层间化合物 Li_xC_6，各种碳材料包括石墨和碳纤维等。电解质为溶有锂盐 $LiPF_6$、$LiAsF_6$、$LiClO_4$ 等的有机溶液。溶剂主要有碳酸乙烯酯（EC）、碳酸丙烯酯（PC）、碳酸二甲酯（DMC）和氯碳酸酯（ClMC）等。在充放电过程中，Li^+ 在两极间往返嵌入和脱出。

锂离子电池的工作原理如图 5-3 所示，充电时，Li^+ 从 $LiCoO_2$ 正极脱出经过电解液嵌入石墨负极，同时得到由外电路从正极流入的电子充电结束时，负极处于富锂态，正极处于贫锂态。放电时则相反，Li^+ 从石墨负极脱出，经过电解液进入 $LiCoO_2$ 正极，放电结束时，正极处于富锂态，负极处于贫锂态。

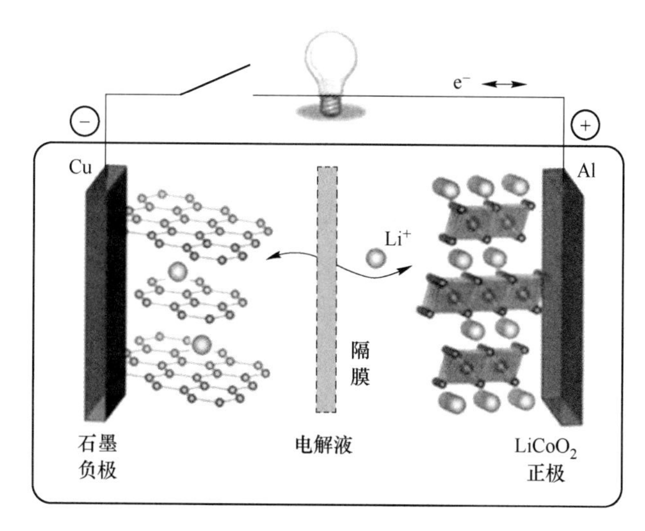

图 5-3　锂离子电池工作原理示意图

正极：　$LiCoO_2 \rightleftharpoons Li_{1-x}CoO_2 + xLi^+ + xe^-$

负极：　$6C + xLi^+ + xe^- \rightleftharpoons Li_xC_6$

电池：　$Li_{1-x}CoO_2 + Li_xC_6 \rightleftharpoons LiCoO_2 + 6C$

本实验以层状 $LiCoO_2$ 为正极活性物质，纯锂片为负极，制备扣式锂离子电池，并对制备的扣式电池进行充放电测试。

2. 电池的容量

一般电池电容量测试是选取化成后电池，充放电过程以 10 min 为一个取样单位记录电池的电压、充放电流及充放电容量。电池化成后最初的几次充放电会因为电池的不可逆反应使得电池的放电电容量在初期有减少的情形。待电池电化学稳定后电池容量即趋平稳。因此有些化成程序亦包含了数十次的充放电循环以达到稳定电池的目的。不同倍率下的放电会影响到放电容量。

3. 电池的循环寿命

选取化成后电池，充放电过程以 10 min 为一个取样单位记录电池的电压、充放电流，另外对充放电容量采取积分记录。于测试结束后将各电池充放电容量除以标称电容量。由测试结果可得知不同倍率下放电会影响到电池的循环寿命。

4. 电池的倍率性能

一般充放电电流的大小常用充放电倍率来表示，电池倍率主要是考察在大电流工作时，电池的阻抗、容量等受到离子迁移速率影响，通过对比数据，可以分析各个体系的稳定性、匹配性等。

实验原料与仪器

（1）原料：六水硝酸钴、$LiPF_6$、氢氧化锂、氨水、乙炔黑、聚偏二氟乙烯（PVDF）、N-甲基-2-吡咯烷酮（NMP）、EC：DEC：EMC(1：1：1）电解液、无水乙醇、去离子水、高纯氩气、锂片、铝箔、2016 扣式电池壳套件。

（2）仪器：高精度电池性能测试仪、电化学工作站、自动涂膜机、超净化手套箱、封装机、真空烘箱、磁力搅拌器、管式气氛炉。

实验过程与步骤

1. 电池的制备

（1）正极材料的制备。分别将 1 g $Co(NO_3)_2 \cdot 6H_2O$ 溶于 5 mL 去离子水中、1 g $LiOH \cdot H_2O$ 溶于 10 mL 去离子水中，配成 $Co(NO_3)_2$ 溶液及 LiOH 溶液。再将 20 μL 浓 $NH_3 \cdot H_2O$ 加入至制得的 LiOH 溶液中搅拌均匀，在 $Co(NO_3)_2$ 溶液中加入 10 mL 乙醇，再将 LiOH 混合溶液在搅拌过程中加入 $Co(NO_3)_2$ 混合溶液，于 120 ℃下烘干 3 h。将所得粉末在 800 ℃下煅烧 2 h，从而制得正极材料 $LiCoO_2$ 粉体。

（2）正极片的制备。正极活性物质（$LiCoO_2$ 粉体）、导电剂乙炔黑、黏结剂 PVDF 按 8：1：1 的质量比混合均匀后，加入 1250 μL 溶剂 NMP 中，在磁力搅拌器中搅拌混合 30 min，然后通过自动涂膜机在集流体铝箔上涂上一定厚度的薄膜，置于 120 ℃烘箱中烘 3 h。将烘干的极片经过对辊机滚压，使活性物质与集流体紧密结合。将压好的电极片裁成直径为 12 mm 的圆片后，再次进行真空干燥，储存备用。

（3）负极极片、电解液、隔膜制备。负极极片采用厚度为 1.5 mm、直径为 15 mm 的锂金属圆薄片；电解液为 1 mol/L 的 $LiPF_6$ 溶于 EC：DEC：EMC = 1：1：1（体积比）的溶液；隔膜为聚丙烯，将隔膜纸通过切片机裁剪成为直径为 18 mm 的圆片。

（4）扣式电池组装。电池组装过程是在充满氩气的手套箱中进行，手套箱中氧含量、水含量均须低于 1×10^{-6}。干燥的正负极片移入手套箱后，将正极、隔膜、电解液和 Li 片负极按顺序装入 2016 扣式电池壳套件中，然后用封装机压封。

2. 电池性能测试

（1）充放电测试。电池的可逆容量、充放电效率和循环性能可用充放电实验检测。将电池正确接入测试系统，采用 0.2 C→0.5 C→1 C→2 C→0.2 C 恒电流充放电测试，充电截止电压为 4.3 V，恒流放电到电压为 2.5 V。

（2）电池交流阻抗测试。交流阻抗测试是以小振幅正弦波电压信号（或电流信号）作扰动，使电极系统产生近似线性关系的电流或电压响应，从而测量动力电池体系在某一频率范围阻抗谱的方法。这种“黑箱方法”以电压、电流为输入、输出，间接得到电池内部阻抗信息。将电池正确接入测试系统，采用 5 mV 测试电压，$10^2 \sim 10^5$ Hz 测试频率进行测试，得到电池阻抗。

实验结果与处理

（1）设置充放电测试参数：倍率充放电和恒流（压）充电。

（2）测试电池在 0.2 C→0.5 C→1 C→2 C→0.2 C 下的倍率性能。

（3）绘制并分析电池交流阻抗图谱。

注意事项

（1）电池装配过程中控制手套箱水氧含量低于 1×10^{-6}，避免造成电池性能下降。

（2）充放电实验需要严格按照充放电终止电压进行，以免对电池造成损坏。

思 考 题

（1）本实验中影响锂离子电池倍率性能的因素有哪些？

（2）锂离子电池电极材料应具备哪些特性？

（3）影响电池交流阻抗的因素有哪些？

参 考 文 献

［1］马玉林．电化学综合实验［M］．哈尔滨：哈尔滨工业大学出版社，2019.

［2］刘德宝，陈艳丽．功能材料制备与性能表征实验教程［M］．北京：化学工业出版社，2019.

［3］沈雪阳，陈淼，郭艳东．基于复杂工程问题驱动的锂离子电池综合实验设计及实践［J］．大学物理实验，2024，37（1）：11-16.

实验 5-3　$Ca_3Co_4O_9$ 纳米复合热电材料的制备与性能测试

实验目的

（1）认识热电三大效应，了解影响 Seebeck 效应的因素。

（2）掌握含氧化合物 $Ca_3Co_4O_9$ 材料热电性能的提升策略。

（3）掌握纳米复合热电氧化物材料电导率和热电率调控的关联规律。

实验原理

1. 热电材料

热电材料又称温差电材料，是利用热电效应实现热能和电能互相转换的一种新型节能型功能材料，利用热电材料制备成的热电器件具有无传动部件、无噪声、体积小等优点，在军事、航空航天和高科技能源领域有显著的应用价值。

根据热电器件使用要求和环境的不同，人们开发了许多不同体系的热电材料，包括聚合物基的柔性高分子常温热电材料，以 Bi_2Te_3 和 PbTe 合金为代表的中低温系热电材料，以及以 $SrTiO_3$ 和 $Na_{0.5}CoO_2$ 氧化物材料为代表的高温系热电材料等，近年来受到了学者的广泛关注。

图 5-4 所示为钴基氧化物的晶体结构。可以根据绝缘层中的原子层数 N 划分层状钴基氧化物，包括 $Na_{0.5}CoO_2$、$(CaOH)_{1.14}CoO_2$、$Ca_3Co_4O_9$ 和 Bi-Sr-Co-O 等。其中，$Na_{0.5}CoO_2$ 在 $[CoO_2]^-$ 层之间只有 Na 单原子层，称为 $N=1$ 系列。$(CaOH)_{1.14}CoO_2$ 为具有双原子层的化合物，即 $N=2$ 系列。$N=3$ 和 $N=4$ 系列的化合物有 $(Ca_2CoO_3)_{0.62}CoO_2$ 和 $(Bi_2Sr_2O_4)_yCoO_2$，分别有 3 个和 4 个原子层在岩盐型绝缘层中。另外，还有许多新型的结构更为复杂的钴基氧化物，如 Ca-Co-Cu-O、Ti-Sr-Co-O、Sr-Co-O、Pb-Ca-Co-O、Pb-Sr-Co-O 等，研究证实它们都具有一定的热电性能。

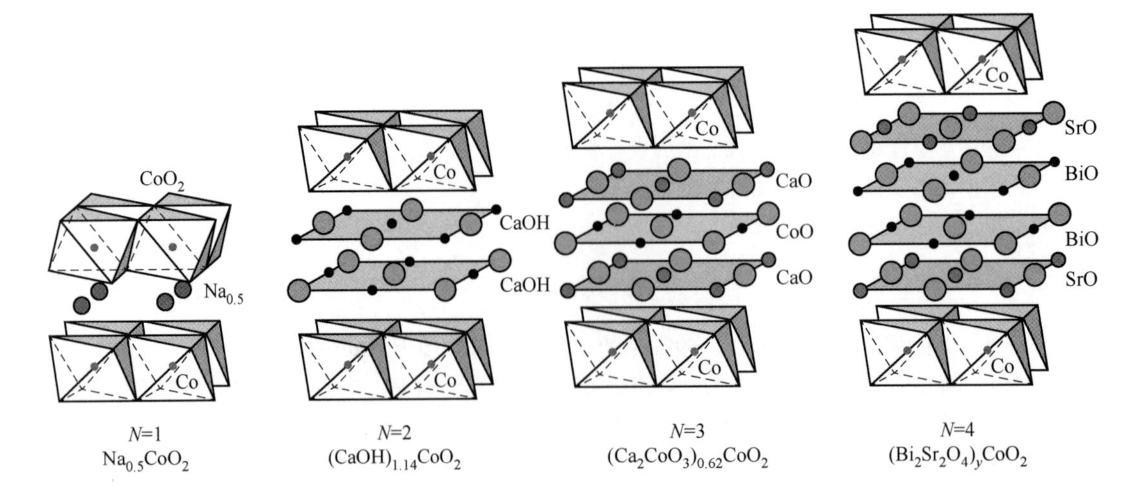

图 5-4　钴基氧化物的晶体结构

2. 热电效应

热电效应是导体或者半导体两端施加温度差时，引起的电效应以及电流引起的可逆热效应的总称，包括赛贝克效应（Seebeck）、珀尔帖效应（Peltier）和汤姆逊效应（Thomoson），这三种效应彼此相互关联，如图 5-5 所示。

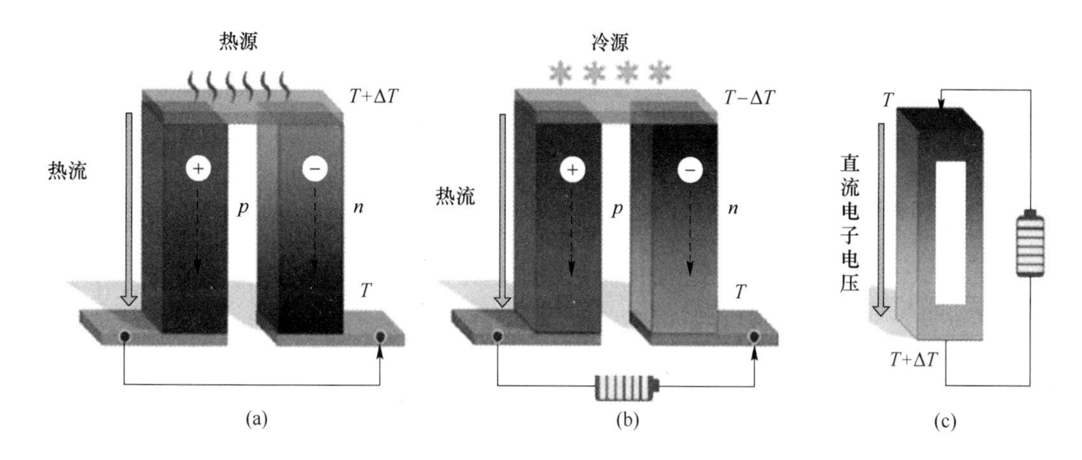

图 5-5 热电效应示意图

（a）赛贝克效应；（b）珀尔帖效应；（c）汤姆逊效应

1821 年，法国物理学家 T. J. Seebeck 发现，若在两种不同导体的两接触点上施加不同温度，导体中有电流产生。赛贝克效应是将热能转换为电能的效应。当两接触点之间的温差 ΔT 很小时，温差电动势与温差呈线性关系，定义温差电动势 $S_{ab}=\Delta V_{ab}/\Delta T$；当 $\Delta T\to 0$，可以写为式（5-2）：

$$S_{ab}=\lim_{\Delta T\to 0}\frac{V_{ab}}{\Delta T}=\frac{dV_{ab}}{dT} \tag{5-2}$$

式中 S_{ab}——单位温差时的温差电动势，V/K。

赛贝克效应的物理本质可以通过温度梯度作用下材料内电荷（载流子或空穴）的分布变化来解释。以 p 型半导体为例，当材料处于均匀温度场下，其内部空穴均匀分布在整个导体内部，整体呈现电中性。当材料存在温度差时，热端的空穴比冷端载流子具有更大的动能，且有向冷端扩散的趋势，于是材料内部的空穴将在冷端堆积，使得材料冷端的载流子浓度大于热端，材料内部电荷浓度呈不均匀分布，从而材料两端所形成的电势差即为赛贝克电势。金属的赛贝克系数一般较小，只有几 μV/K；半导体的赛贝克系数较大，可以达到 100 μV/K 以上。

珀尔帖效应是赛贝克效应的逆效应。当电流流过两种不同材料时，发生了能量的释放和吸收现象；若改变电流方向，吸热端和放热端也随之改变。导体产生的热量 dQ 与回路电流 I 成正比，采用式（5-3）描述：

$$dQ_p=\pi_{ab}I dt=\pi_{ab}q \tag{5-3}$$

式中 π_{ab}——比例系数称为珀尔帖电势，W/V；

q——运输的电荷，C。

汤姆逊效应描述的则是单一均匀导体中的热电效应。当均匀导体存在温度梯度并有电流通过时，导体中除了产生焦耳热以外，还会有能量的释放和吸收，用以维持原有的温度梯度。该吸收或释放的能量与电流密度（$I\mathrm{d}t$）和施加于电流方向的温度梯度（$\mathrm{d}T/\mathrm{d}x$）成正比：

$$\mathrm{d}Q_{\mathrm{t}} = \beta I \mathrm{d}t \frac{\mathrm{d}T}{\mathrm{d}x} \tag{5-4}$$

式中 β——汤姆逊系数，V/K。

实验原料与仪器

（1）原料：碳酸钙、硝酸银、氧化镧、氧化钴、氧化铋、银纳米颗粒（20～50 nm）、聚乙烯醇（PVA）。

（2）设备：电子天平、磁力搅拌器、烘箱、马弗炉、粉末压片机、行星式球磨机、扫描电子显微镜（SEM）、塞贝克系数测量仪、高温激光导热仪、电子探针（EPMA）、红外探测器、X 射线光电子能谱分析仪、X 射线衍射仪（XRD）、BET 测试仪。

实验过程与步骤

1. 样品制备

采用固相法制备 $Ca_3Co_4O_9$ 热电复合材料，对应流程见图 5-6。以分析纯的 $CaCO_3$、$AgNO_3$、La_2O_3 和 Co_2O_3 为原料，按化学计量比 9.9 g、1.9 g、1.1 g、12.5 g 称量各原料，将称量好的原料放入球磨罐中加入乙醇作为介质，球磨 12 h，混合后的浆料倒入表面皿置于烘箱中 40 ℃烘干，将烘干后的粉料装入氧化铝坩埚中，在 800 ℃下预烧 10 h。在预烧后的粉体中分别添加 2 g 的纳米金属 Ag 和 1.2 g 的 Bi_2O_3，其中纳米银呈无定形态粉体颗粒，平均粒径为 30～50 nm。以乙醇和 Zr 球为介质再次球磨 12 h 后，烘干后加入 PVA 造

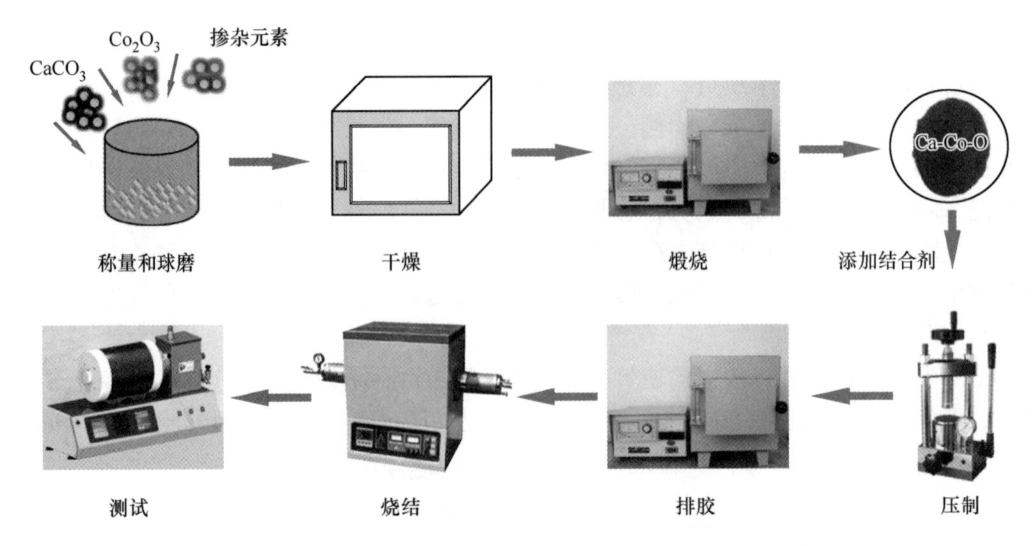

图 5-6 固相法制备 $Ca_3Co_4O_9$ 热电复合材料的工艺流程

粒，干压成型制备 $\phi30\ mm\times3\ mm$ 圆片状素坯体。将压制的素坯体在 500 ℃下排胶，分别于 900 ~ 1100 ℃保温 10 h 烧结成瓷。

2. 样品加工

烧结完成后得到复合材料先进行 500 目、800 目、1000 目、1500 目的打磨，其次在金相磨抛机上进行抛光处理，为后续进行组织结构、微观形貌以及热电性能的测试作好铺垫。

测试热导率的样品尺寸为 $\phi12.7\ mm\times2\ mm$ 圆片，测试热电性能样品为 3 mm × 4 mm × 15 mm 方柱。

3. 样品测试

采用 XRD 和 SEM 测试其物相组成和显微组织结构。

采用电子探针（EPMA）测试其物相组成。

采用阿基米德排水法对样品进行密度测试。

采用 X 射线光电子能谱分析仪对样品中 Co 元素和 O 元素的化学价态，以及不同价态占比等进行分析表征。

所有样品均采用热电测试系统同步测试 Seebeck 系数和电阻率。电阻率的测量原理如图 5-7(a) 所示。目前测量半导体电阻率常见测量方法是四探针法，测试中电流正反分别通一次，得到两组电压电流 U_1I_1 和 U_2I_2，可通过式（5-5）和式（5-6）计算电阻率 ρ：

$$R=(U_1-U_2)/(I_1-I_2) \tag{5-5}$$

$$\rho=RA/L \tag{5-6}$$

式中　L——两热电偶之间样品的长度；

　　A——样品的横截面积。

Seebeck 系数的测量原理如图 5-7(b) 所示，首先利用辅助加热器给局部加热形成稳定的温度梯度，随后用两对探针热电偶同时测量出样品两端各自的温度与电势，通过 $\Delta V/\Delta T$ 计算出样品与热电偶的总 Seebeck 系数。

用激光闪射法测量陶瓷样品的热扩散系数（λ）。通过激光源发射瞬时光脉冲，使样品下表面部分温度瞬时升高，随后通过红外探测器连续监测样品上表面升温过程。然后根据式（5-7）的 Fourier 传热方程计算热扩散系数。

$$\lambda=0.1388D^2/t_{1/2} \tag{5-7}$$

式中　D——样品的厚度；

　　$t_{1/2}$——半升温时间（上表面温度升高到最大值的一半所需的时间）。

所有样品均采用高温激光导热仪（Netzsch，德国）进行测试。

实验结果与处理

（1）采用 BET 测试仪测试热电复合材料粉体的比表面积。

（2）测试复合材料的物相组成和微观形貌。

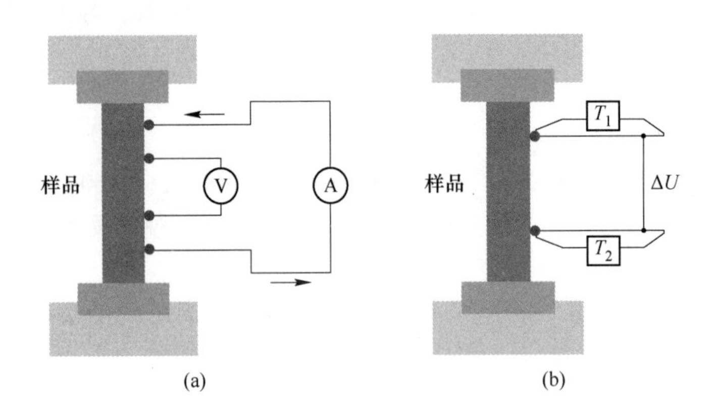

图 5-7 热电材料测试系统原理示意图

（a）电阻率测试；（b）Seebeck 系数测试

（3）采用 EDS 和 EPMA 测试复合材料中纳米 Ag 的分布情况。

（4）采用四探针法测试复合材料的电导率。

（5）采用激光闪烁法测试复合材料的热扩散系数并计算热导率。

注意事项

（1）配料：需要准确称取各种原料，按照一定比例混合，这是制备复合材料的基础步骤，原料的比例对最终的性能有重要影响。

（2）成型：将研磨好的粉末混合均匀后，放入准备好的模具中，施加适当的压力以成型，成型过程中的压力是影响复合材料坯体密度和均匀性的重要因素。

（3）烧成：烧成过程中的温度、升温速率和保温时间对陶瓷的显微结构和性能有决定性影响，合适的烧成温度是复合材料制备的关键所在。

（4）测试：电导率和热导率的测试要求样品表面光洁度高，在测试前需要进行样品的打磨抛光。

思 考 题

（1）什么是热电效应，包括哪几种？

（2）热电材料分为合金类和氧化物两大类，两者的应用领域有什么区别？

（3）$Ca_3Co_4O_9$ 热电材料的优缺点有哪些？

（4）影响热电材料热电性能的因素有哪些？

参 考 文 献

[1] SHI Z M, HAN Z, HUANG W, et al. Rational interface-enriched defects induce excellent thermoelectric performance of sandwich-type $Ca_3Co_4O_9$ textured composites [J]. Journal of Materials Chemistry A, 2024, 12: 21288-21300.

[2] SHI Z M, SU T C, ZHANG P, et al. Enhanced thermoelectric performance of $Ca_3Co_4O_9$ ceramics through grain orientation and interface modulation [J]. Journal of Materials Chemistry A, 2020, 8: 19561-19572.

[3] SHI Z M, TONG S J, Li L L, et al. Effect of perovskite template seeds on microstructures and thermoelectric properties of $Ca_{0.87}Ag_{0.1}Dy_{0.03}MnO_3$ ceramics [J]. Ceramics International, 2022, 48: 23688-23696.

实验 5-4 空心球状 Sr 掺杂 $BaTiO_3$ 陶瓷微/纳粉体的制备与性能测试

实验目的

（1）了解电介质材料在电子元器件中的作用。

（2）掌握锶掺杂钛酸钡材料高介电常数和低介电损耗的特性。

（3）掌握空心球状微/纳米级陶瓷粉体的制备方法与优劣势。

实验原理

球状 Sr 掺杂的 $BaTiO_3$ 包括实心球和空心球两类，现有研究表明，实心球状 $BaTiO_3$ 非常难以制备，通常表现为无定形态或是其他形貌。微/纳尺度的空心球状 $BaTiO_3$ 的制备也有相当的难度，但相比实心球而言，存在一定的可行性。近几年来 $BaTiO_3$ 的研究表明，通过严格控制实验条件能够成功合成多种单质、二元系和三元系微/纳米空心结构。目前制备空心球状粉体的方法主要有硬模板法、软模板法和无模板法三种。

1. 硬模板法

硬模板法是合成无机微/纳米级空心结构常用的一种方法，该法一般采用单分散、形貌及尺度均匀的 SiO_2、聚苯乙烯及碳球等作为模板，控制前躯体在模板表面沉积或反应，得到所需要的物质，形成表面包覆的核壳结构。然后在煅烧或有机溶剂溶解的作用下，去除模板，得到空心结构。硬模板法具有很多优点，通过调控反应物的浓度、反应时间等因素可以在较大范围内调节模板尺寸，可以实现空心球的尺寸可控和壁厚可控。此外，硬模板法操作过程简单直接，便于实现批量生产。

2. 硬模板的制备原理

采用硬模板法制备尺寸可控的空心球状 $BaTiO_3$ 基粉体。首先以葡萄糖为原料，去离子水为溶剂，十六烷基三甲基氯化铵为分散剂，水热反应制备得到单分散的碳球。向碳球模板表面分批次包覆含 Ti、Ba 与 Sr 元素的溶液，经络合反应和原位水解反应得到 C@ Sr 掺杂 $BaTiO_3$ 复合微球，再高温煅烧 C@ Sr 掺杂 $BaTiO_3$ 复合微球除去碳核得到微球，其制备工艺如图 5-8 所示。

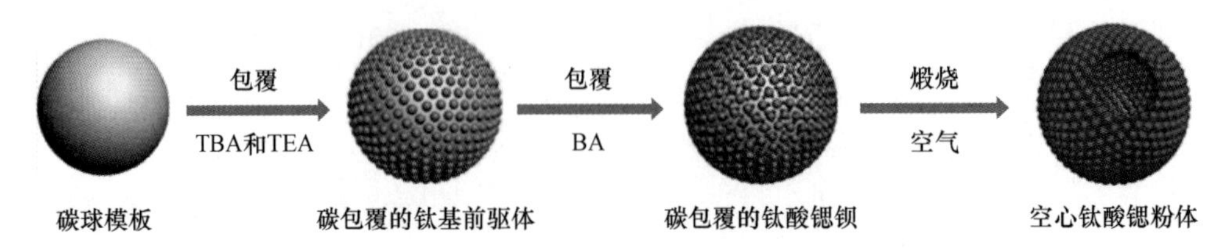

图 5-8 硬模板制备陶瓷粉体的示意图

实验原料与仪器

（1）原料：乙酸锶、乙酸钡、钛酸四丁酯（TBT）、三乙醇胺（TEA）、无水葡萄糖、氢氧化钠、十六烷基三甲基氯化铵、无水乙醇。

（2）仪器：磁力搅拌器、不锈钢反应釜、砂芯抽滤装置、烘箱、马弗炉、超声波清洗仪、傅里叶红外光谱仪、扫描电子显微镜、BET 测试仪、粉末电导率测试仪。

实验过程与步骤

1. 单分散碳球的制备

将无水葡萄糖和表面活性剂十六烷基三甲基氯化铵溶解于 100 mL 去离子水中，磁力搅拌至混合均匀，随后将葡萄糖溶液置于聚四氟乙烯衬里的不锈钢反应釜中，在 180 ℃下反应 4 h。然后将水热反应产物离心分离，得到深棕色粉体，再用去离子水和无水乙醇各抽滤和清洗三次后，用烘箱烘干得到碳球。

2. 碳球表面改性

将碳球加入浓度为 1 mol/L 的氢氧化钠溶液中，在 80 ℃超声分散 1 h 后，在 80 ℃下烘干得到改性碳球。

3. 配制反应物溶液

首先，配制含 Ti 元素的溶液。将分析纯的钛酸四丁酯加入 100 mL 无水乙醇中，搅拌 5 min 至混合均匀，得到浓度为 0.002～0.004 mol/L 的钛酸四丁酯的乙醇溶液，然后向钛酸四丁酯的乙醇溶液中滴加三乙醇胺，60 ℃下搅拌 30 min，得到含 Ti 元素的溶液，其中 $n(\mathrm{TBT}):n(\mathrm{TEA})=2:1\sim3.5:1$。

其次，配制含 Ba 与 Sr 元素的溶液。按 $Ba_{0.6}Sr_{0.4}TiO_3$ 摩尔比称取分析纯的乙酸锶（SA）和乙酸钡（BA）粉料，将粉料溶于 100 mL 去离子水中得到含 Ba 与 Sr 元素的溶液。

4. 碳球表面分别包覆含 Ti、Ba 与 Sr 元素的溶液

将 0.2 g 上述所得的改性碳球添加到 100 mL 无水乙醇中，60 ℃条件下超声分散 30 min，形成碳球悬浮液。在一定温度下，将 100 mL 含 Ti 元素的溶液滴加到 100 mL 碳球悬浮液中，磁力搅拌状态下反应 4 h。随后，再向其中滴加含 Ba 与 Sr 元素的溶液，磁力搅拌状态下反应 4 h，得到 C@ $Ba_{0.6}Sr_{0.4}TiO_3$ 复合微球悬浮液。将所得 C@ $Ba_{0.6}Sr_{0.4}TiO_3$ 复合微球悬浮液用去离子水洗涤数次，60 ℃下烘干后得到 C@ $Ba_{0.6}Sr_{0.4}TiO_3$ 复合微球。

5. 煅烧除去碳核

将得到的 C@ $Ba_{0.6}Sr_{0.4}TiO_3$ 复合微球置于马弗炉中，以 1 ℃/min 的升温速率升高到 800 ℃，煅烧 2 h，得到 Sr 掺杂 $BaTiO_3$ 粉体。

实验结果与处理

（1）采用傅里叶红外光谱仪对样品的化学结构进行分析。

（2）采用 BET 测试粉体颗粒粒径、比表面和孔径尺寸。

（3）采用扫描电子显微镜观测空心状微/纳粉体的形貌。

（4）采用粉末电导率仪测试并评价样品的导电性。

注意事项

（1）水热反应器通常由耐高压、耐高温的材料制成，如不锈钢、钛合金或者孔径较小的高压玻璃等。此外，还需要选择合适的加热装置，如电炉、石英加热器等。因此水热合成实验时，特别注意实验安全，需要对温度、压力和时间等条件进行严格控制。通常情况下，水热法的温度范围为 100～600 ℃，压力范围为 0～100 MPa。

（2）模板的制备和去除。硬模板法的核心在于利用模板剂在溶液中自组装形成的特殊结构。这包括碳球模板的制备、金属前驱体溶液的滴加，以及后续的高温煅烧过程，以去除中心碳核并得到目标粉体。在这个过程中，需要注意控制反应条件，如温度、时间、pH 值等，以确保模板的稳定性和目标粉体的形成。

（3）粉体尺寸和结构的控制。硬模板法能够严格控制材料的大小和尺寸，从而制备出尺寸均匀、结晶性和分散性好的粉体。粉体的尺寸和结构可以通过控制金属离子浓度、调整反应条件等方式进行精细调控。

思 考 题

（1）硬模板制备 $Ba_{0.6}Sr_{0.4}TiO_3$ 陶瓷粉体时，哪些因素会影响其空心球的孔径分布和比表面积？

（2）试对比分析硬模板法和软模板法的优缺点。

（3）微/纳陶瓷粉体的电导率对其介电性能影响如何？

（4）水热法制备碳球模板时，影响其碳球尺寸的因素有哪些？

参 考 文 献

[1] 张可娜．微纳空心球 HS-BST/PVDF 复合材料的制备及介电性能研究［D］．西安：西北工业大学，2018.

实验 5-5 聚丙烯隔膜改性与锂离子传输性能测试

实验目的

（1）了解化学氧化法制备聚多巴胺的聚合原理。

（2）熟悉锂离子电池隔膜材料的物性评价体系。

（3）熟悉锂离子电池组装工艺并学会使用电池封装设备。

（4）掌握 PDA 改性量与隔膜结构、电化学性能之间的相互作用关系。

实验原理

现有锂离子电池隔膜材料以聚烯烃类产品占主流市场，但是其表面非极性的烷烃基团使其与酯类电解液浸润性差，严重阻碍了锂离子的有效传输，极大减损锂离子电池工作性能。采用多巴胺（DA）为单体，通过化学氧化法使其快速氧化聚合，同时产物聚多巴胺（PDA）沉积于隔膜表面，完成改性。利用 PDA 表面丰富的—OH、—NH_2 官能团，与电解液中酯类基团—COOR 形成有利的亲和性，以增加隔膜材料与电解液的润湿性，提升锂离子的传输能力，进一步提升电池的工作性能。PDA 聚合原理见图 5-9。

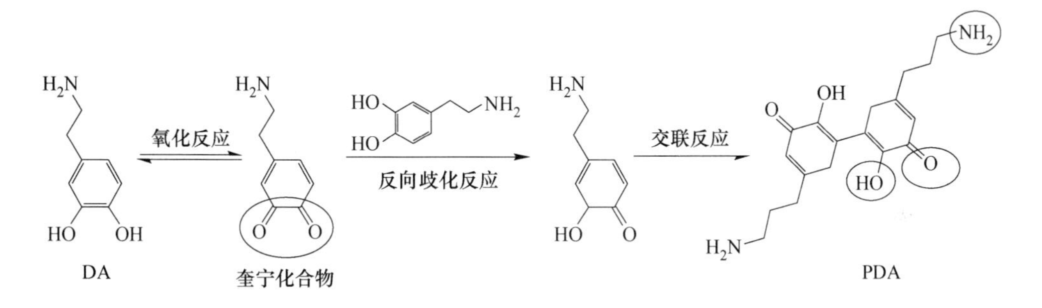

图 5-9 PDA 聚合原理示意图

实验原料与仪器

（1）原料：三羟甲基氨基甲烷（Tris（hydroxymethy）aminomethane，Tris）、浓盐酸、盐酸多巴胺、高碘酸钠、商用聚丙烯隔膜（PP，25 μm）、$LiFePO_4$（LFP）、锂片、电解液（碳酸乙酯∶碳酸二甲酯 = 1∶1（体积比））、炭黑、N-甲基吡咯烷酮（NMP）、不锈钢片（stainless steel，SS）、去离子水。

（2）仪器：磁力搅拌器、真空烘箱、超净化手套箱、高精度电池性能测试系统、电化学工作站、封装机、切片机、SEM、光学接触角测试仪、数显 pH 计。

实验过程与步骤

1. Tris 缓冲溶液的配制

称取 1.2 g 的 Tris，将其充分溶解于去离子水中，并转移至 1000 mL 的容量瓶中，使用 pH 计，通过滴加 1 mol/L 的盐酸溶液调节 pH 值，最终配制成 pH 值为 8.5 的弱碱性缓冲溶液。

2. 多巴胺 Tris 溶液的配制

称取一定量的盐酸多巴胺，将其充分溶解于配制好的 Tris 缓冲溶液中，配制 2 mol/L 的多巴胺 Tris 溶液。

3. 聚丙烯隔膜的表面改性

将裁剪成合适大小的 PP 隔膜浸渍于多巴胺 Tris 溶液中，使隔膜表面均匀附着上多巴胺，再加入强氧化剂 $NaIO_4$ 并充分溶解，调控聚多巴胺的沉积时间（2 h、4 h 和 6 h），沉积结束后，用去离子水冲洗直至表面无 PDA 大颗粒附着并进行烘干处理，即得到 PDA 改性 PP 隔膜（PDAx@PP）。

PDA 改性 PP 实验过程见图 5-10。

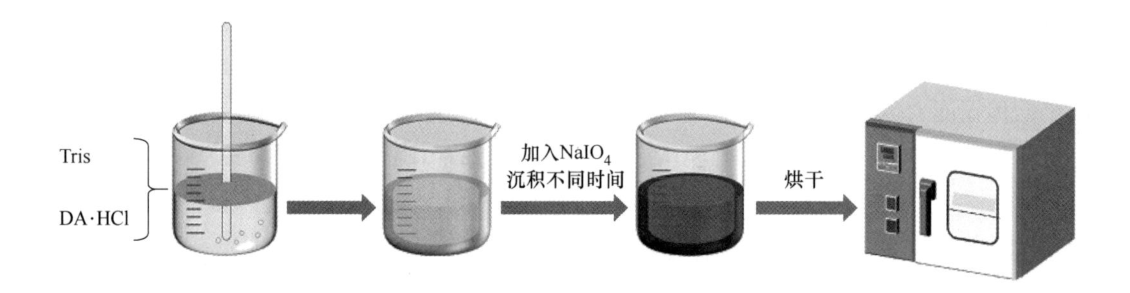

图 5-10 PDA 改性 PP 隔膜实验过程示意图

4. 微观形貌观察

利用 SEM 观察 PP 改性前后表面形貌的变化，对比沉积 PDA 前后 PP 表面 N 元素的变化情况，进一步说明 PDA 是否沉积，且沉积量是否随沉积时间的变化表现出差异。

5. 润湿性测试

运用光学接触角测试仪来测定电解液与改性隔膜前后的接触角，以此来评价改性效果。将隔膜样品依次水平放置在样品台上，控制每次滴加电解液为 2 μL，统一记录电解液滴落在隔膜表面 50 ms 时的接触角数值。每个样品随机选取五个测量点，最终结果取平均值。

6. 锂离子传输特性测试

（1）离子电导率测试。组装 SS/隔膜/SS 对称电池，组装完成的电池样品在测试前均放置 2 h 以上。采用电化学工作站对电池样品的电化学阻抗谱进行检测，该阻抗谱与锂离子在隔膜内部固体扩散的过程相关，得到的交流阻抗谱图中斜线与横坐标的交点即为锂离子电池隔膜的本体阻抗，测试频率为 $1 \sim 1 \times 10^6$ Hz，电压 10 mV。隔膜的离子电导率

（σ）通过式（5-8）计算：

$$\sigma = \frac{d}{R_b \times A} \tag{5-8}$$

式中　σ——离子电导率，mS/cm；

d——隔膜厚度，cm；

R_b——隔膜本体阻抗，Ω；

A——不锈钢片面积，cm^2。

（2）锂离子转移数测试。锂离子转移数是指在电池或电化学系统中，单位时间内通过隔膜的锂离子数量与通过该隔膜的总离子数量之比。迁移数越高，越接近 1，则浓差极化电势越小，电解液在正负极之间传递电荷效率就会越高。

首先，在充满氩气的手套箱内组装得到模型为 Li/吸满电解液的隔膜/Li 的电池，将电池静置 2 h。其次，测试电池样品的电化学阻抗谱，频率设置为 $1 \sim 10^6$ Hz、振幅为 10 mV，测试电池极化前的界面转移电阻 R_0(Ω)。然后，利用电化学工作站计时电流模式（CA），设置初始电压为 10 mV、持续时间为 1000 s，其他参数均不变，测试电池极化前后的电流变化极化 I_0(mA) 以及 I_s(mA)。极化后的电池再次测试电化学阻抗谱，频率设置为 $1 \sim 10^6$ Hz、振幅为 10 mV，测试电池极化前的界面转移电阻 R_s(Ω)，根据式（5-9）计算锂离子转移数。

$$t_{Li^+} = \frac{I_s(\Delta V - I_0 R_0)}{I_0(\Delta V - I_s R_s)} \tag{5-9}$$

（3）电池阻抗测试。对比改性前后 PP 阻抗性能的变化，组装 LFP/隔膜/Li 电池，利用电化学工作站测试交流阻抗曲线（Nyquist 曲线），测试频率为 $1 \sim 10^6$ Hz，振幅为 10 mV。

实验结果与处理

（1）利用 SEM 观察改性前 PP 隔膜和 PDA 沉积不同时间的 PP 隔膜，记录改性前后 PP 隔膜的实物照片。分析纯 PP 隔膜和沉积 PDA 后表面状态的变化，说明沉积时间对隔膜表面改性程度的影响。

（2）绘制静态接触角随沉积时间变化曲线，分析改性前后以及沉积时间对润湿性的影响因素。

（3）绘制 PP 改性前后 Nyquist 曲线，根据曲线获得本体阻抗结果，根据式（5-8）计算离子电导率，以表格形式列出。

（4）绘制 PP 改性前后 Nyquist 曲线和计时电流曲线，读取关键数据，根据式（5-9）计算锂离子转移数。

（5）根据上述电化学阻抗测试方法组装纽扣电池，测试 Nyquist 曲线，分析 PP 改性前后本体阻抗、电荷转移阻抗、扩散阻抗的变化规律。

注意事项

（1）本实验中引入强氧化剂 $NaIO_4$ 实现了聚多巴胺的快速生长，但整个过程速度快，需要操作人员各步衔接工作要准备充分。

（2）PDA 沉积 PP 表面后出现大颗粒黏附其表面，应采用去离子水进行冲洗，以除去黏附力弱的颗粒，避免影响后续测试。

（3）在测试润湿性的实验中，测试液体为有机酯类化合物，有一定毒性和挥发性，需要操作人员做好防护措施。

（4）隔膜在组装成电池前需要在电解液中充分浸润，否则无法测出结果。

思 考 题

（1）PP 改性前后对电解液的浸润性变化的原因是什么？

（2）如何判断 PDA 是否聚合成功，与 PP 之间有何种相互作用，如何证明？

（3）说明 PDA 沉积时间与沉积量的对应关系是否呈现单调递增的现象，如果不是，分析原因。

（4）评价锂离子传输特性的实验中均会首先测试电池阻抗大小，为何组装这些电池会选用不同的正负极？

（5）除了隔膜的亲液性会影响锂离子的传输性能，还有哪些指标会影响隔膜的工作性能？

参 考 文 献

[1] 宋晓琪. 基于聚丙烯隔膜的改性及其在锂离子电池中的应用性能［D］. 西安：西安建筑科技大学，2024.

实验 5-6　导电水凝胶电极材料的制备与超电性能测试

实验目的

（1）熟悉化学法制备聚丙烯酸/壳聚糖双网络水凝胶的实验过程与基本原理。

（2）熟悉超级电容器工作性能的评价方法。

（3）掌握导电剂 MXene 对水凝胶工作性能的影响规律。

实验原理

3D 网络水凝胶是一种具有大的比表面积、多孔结构和快速传质传电动力学的传导性水凝胶，与传统水凝胶相比，导电水凝胶具有多种功能，如便携性、生物相容性、自愈合性和优越的机械稳定性。然而，导电水凝胶的低电导率和贫乏的机械强度限制了其在柔性电子设备中的实际应用。并且在使用过程中，受到一些外界因素的影响，材料会造成一定程度的损伤。这种损伤会影响材料的正常使用，降低材料的寿命。

本实验通过两步法制备出聚丙烯酸/壳聚糖（PC）双物理交联水凝胶，并在网络水凝胶中加入不同质量分数的 $Ti_3C_2T_x$ MXene，得到复合导电水凝胶（PCT）电极，过程如图 5-11 描述。由于 $Ti_3C_2T_x$ MXene 片的表面可调性、表面亲水性和金属导电性，这种二维纳米结构具有较大的表面积和快速的电解液渗透/扩散性。此外，还可以缓解电极材料在充放电过程中的体积膨胀。并且 $Ti_3C_2T_x$ MXene 表面的—OH 与双物理交联水凝胶基质形成多重氢键，有助于提高材料的力学性能和自修复能力。

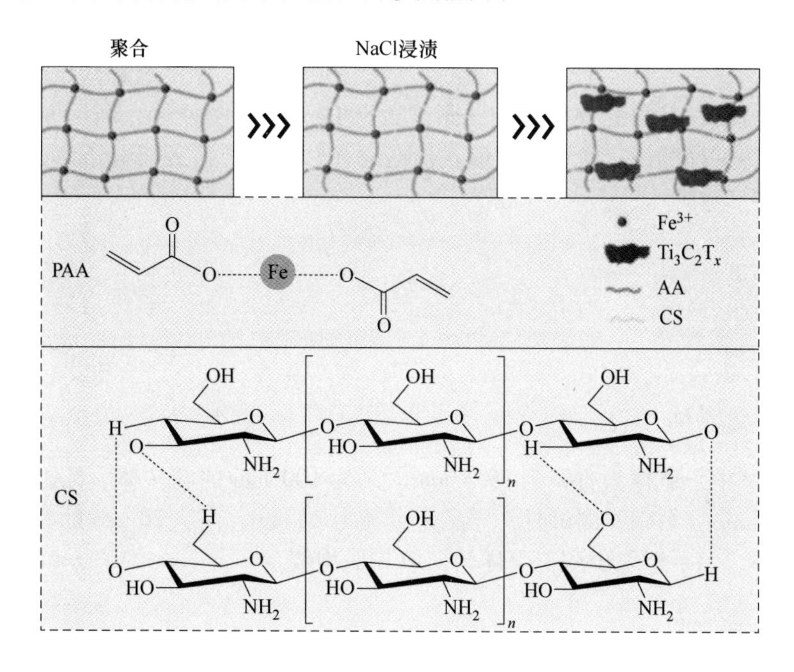

图 5-11　PCT 制备过程与原理示意图

实验原料与仪器

（1）原料：丙烯酸（AA）、壳聚糖（CS）、冰乙酸、过硫酸铵（APS）、$FeCl_3 \cdot 6H_2O$、$Ti_3C_2T_x$ MXene(5～10 μm)、KOH、NaCl、Pt片对电极、Hg/HgO参比电极、去离子水。

（2）仪器：磁力搅拌器、超声波清洗仪、电子天平、真空烘箱、恒温恒湿箱、冷冻干燥机、聚四氟乙烯模具（50 mm×20 mm×5 mm）、SEM-EDS、电子万能试验机、电化学工作站、四探针电阻测试仪。

实验过程与步骤

1. 导电水凝胶的制备

0.24 g的CS溶解于6 mL质量分数为2%的冰乙酸溶液中，然后加入3 g的AA，搅拌均匀，标记为A溶液。0.05 g的APS和0.081 g的$FeCl_3 \cdot 6H_2O$溶于6 mL去离子水中，标记为B溶液。B溶液中分别加入质量分数为0.15%、0.31%、0.61%的$Ti_3C_2T_x$ MXene，超声30 min。然后将B加入A中，搅拌均匀后倒置模具，50 ℃下反应5 h，可得到聚丙烯酸（PAA）单物理网络的导电水凝胶。将其浸泡在饱和NaCl的水溶液中1.5 h，使CS物理链缠结，可得到双物理交联网络的PCT导电水凝胶。导电水凝胶在测试前需密封保存。

2. SEM表征

为了对比添加不同含量MXene的水凝胶微观结构的变化，针对PC和PCT进行微观形貌观察，并结合EDS判断MXene是否成功引入。将直径为15.5 mm、高为20 mm的导电水凝胶样品冷冻干燥除去水分，在液氮中破碎成小块，测试前需进行喷金处理。

3. 电导率测试

将导电水凝胶样品制成直径为24 mm、高为12 mm的圆柱体，利用四探针电阻测试仪进行测试，每试样测试三次取平均值。根据式（5-10）获得表面电导率。

$$\sigma = \frac{h}{RS} \tag{5-10}$$

式中 h——高度；

R——电阻；

S——面积。

4. 力学性能测试

在拉伸测试中，试样为直径为15.5 mm、高为100 mm的圆柱体。标矩50 mm，拉伸速率为50 mm/min。在压缩测试时，样品为直径为24 mm、高为20 mm的圆柱体，压缩速率为5 mm/min。每一组至少测三个样品，取其平均值。

5. 超电性能测试

三电极体系分别是工作电极、Pt片为对电极、Hg/HgO为参比电极，电解液c(KOH) =

1 mol/L 的溶液。循环伏安法（CV）的扫描速率为 5～200 mV/s。恒电流充电/放电（galvanostatic charge/discharge，GCD）使用不同的电流密度测试电极的充放电时间。电化学交流阻抗（EIS）测试频率为 0.01 Hz～100 kHz。电极材料的质量比电容由式（5-11）计算：

$$C = \frac{I\Delta t}{m\Delta v} \tag{5-11}$$

式中 I——电流，A；

Δt——放电时间，s；

m——电极材料活性物质质量，mg；

Δv——电压窗口，V。

实验结果与处理

（1）利用 SEM 观察 PC 和 PCT 微观形貌，分析导电剂 MXene 的引入对水凝胶内部结构的影响规律，并记录二者的实物照片。通过 EDS 结果，描述 MXene 是否成功引入水凝胶 PC 中。

（2）绘制电导率随 MXene 掺加量变化的曲线，分析导电剂引入量与电导率之间的关系。

（3）绘制 PC 和 PCT 的压缩应力-应变曲线和拉伸应力-应变曲线，由图读取压缩和拉伸弹性模量数值，以柱状图形式制图，分析导电剂引入量对柔性 PC 影响规律。

（4）绘制 CV、GCD、EIS（Nyquist）曲线，分析导电剂 MXene 的引入与循环性能、充放电性能以及阻抗大小的关系。

注意事项

（1）因所用 $Ti_3C_2T_x$ MXene 可由多种方法制备而成，本实验中应以 Ti_3AlC_2 为原料，经 HF 刻蚀而成，购买时应注意。

（2）溶液 B 加入溶液 A 中应缓慢加入并不断搅拌，因丙烯酸聚合时会放出大量的热，且丙烯酸具有刺激性和腐蚀性，应确保操作人员的安全。

（3）$Ti_3C_2T_x$ MXene 易在空气中氧化，故在超声分散时应提前使用氮气饱和分散液。

（4）力学性能测试中，因电子万能试验机夹具与样品不匹配，夹头容易跑出，可预先在夹头处粘贴双面胶，再放置样品，确保夹紧不脱落。

（5）利用三电极系统测试时，因水凝胶具有溶胀性，难以长久在电解液中存在，可以采用三明治结构即泡沫 Ni/水凝胶/泡沫 Ni 固定。

思 考 题

（1）PC 是由 PAA 与 CS 形成双交联网络而形成的，形成机理是什么，MXene 是否与水凝胶之间有作用，如何证明？

（2）导电剂 MXene 的引入会提升 PC 的电导率，其作用原理是什么，是否有极限？

（3）导电剂 MXene 的引入使得压缩模量越来越小，而拉伸模量越来越大，原因是什么？

(4) 根据超级电容器储能机理，由 CV 结果说明 PCT 导电水凝胶储能机理是什么，主要是由谁提供的？
(5) 通过超电性能测试结果以及 SEM 表征结果，作为电极材料应具备哪些性能与结构特征，才可优化提升超电的工作性能，除了本实验中涉及的结构和性能测试，你认为还应补充哪些表征？

参考文献

[1] 于婷. 硫化物/$Ti_3C_2T_x$ 异质结导电水凝胶电极材料的制备及其性能研究 [D]. 西安：西安建筑科技大学，2022.

附　　录

实验室安全使用须知

一、实验室工作规范

实验室工作是教学、科研工作的重要组成部分，为充分发挥实验室人力和物力在教学、科研工作中的作用，促进实验室管理走向科学化、规范化，特制定实验室工作规范如下：

1. 根据教学、科研计划，制定实验室建设规划和方案，负责实施实验讲义的编写，教学仪器设备的采购、管理和维护，实验室日常卫生、安全等管理工作。

2. 根据学校教学计划承担实验教学任务。准备实验教学仪器、设备及实验材料，安排实验指导人员，保证实验教学任务的完成。

3. 提高实验教学质量，吸纳科研和教学的新成果，积极开发设计性和综合性实验项目，不断更新实验内容，改革实验教学方法。通过实验培养学生理论联系实际的学风、严谨的科研态度和分析问题、解决问题的能力。

4. 本科生教学实验或毕业课题实验必须在每学期开学第一周内由教研室或课题指导教师向实验室提交实验计划，包括实验内容、学生人数、实验时间，逾期实验室则不予安排。

5. 实验指导教师应在学生实验前预做实验，检查实验准备情况。指导学生实验时应严格认真，不得中途离开。

6. 本科生毕业论文、研究生及科研课题组的阶段性实验必须由指导教师或课题组负责人向实验室提交实验计划，包括实验内容、时间、仪器设备等。实验室根据具体情况安排实验室的使用，使用期间，指导教师或课题组负责人负责所用实验室的卫生、安全工作。

7. 实验室技术人员和管理人员必须加强学习，提高自身的业务水平和管理能力，积极承担和参与科研工作。

8. 根据承担的科研任务，积极开展科学实验工作，努力提高实验技术，完善技术服务和工作环境，保障高效率、高水平地完成科研任务。

9. 实验室在保证完成教学和科研任务的前提下，积极开展社会服务和技术开发，开展学术、技术交流活动。

10. 严格执行实验室的各项规范，加强对实验室工作人员的培训和管理。

二、实验室安全管理制度

1. 加强安全知识和安全纪律教育，实验室技术人员及实验操作人员要熟悉各项安全操作规程。养成良好的工作作风和严谨的科学态度，做到安全实验。

2. 实验室工作人员要学会使用消防器材，定期检查消防器材的有效期，严格按照规定存放，保证消防器材能够正常使用。

3. 安全用水，节约用水。防止跑、冒、滴、漏等故障，及时关好水龙头或水闸。

4. 安全用电，节约用电。任何人不能违章用电，擅自改拆线路，如遇故障或安全隐患应及时维修。

5. 对易燃、易爆、剧毒、高压储气瓶及其他危险品要严格按照有关规定保管和使用。

6. 加强防盗工作，实验室工作人员要经常检查实验室的门窗是否完好。任何人不得私自带领闲杂人员进入实验室，严禁将实验室的钥匙转借他人使用。

7. 本科生、研究生和科研课题组所有操作人员必须严格执行操作规程，保证做到安全实验，防止安全事故发生。实验结束后，应及时切断仪器电源，清理实验现场。离开实验室之前，切断实验室电源总开关，检查门窗、水龙头是否关好。

8. 教学实验及课题实验所用实验室的安全工作由实验指导教师及课题组负责人负责，若出现安全事故，视情节轻重作罚款、停止实验等处理。

三、学生实验守则

1. 实验室是教学实验和科学研究的场所，凡进入实验室进行教学、科研实验活动的学生必须严格遵守实验室的各项规章制度。

2. 学生实验前必须接受安全教育，必须认真预习实验内容，明确实验目的和步骤，初步了解实验所用仪器设备及器材的性能、操作规程、使用方法和注意事项，按时上实验课，不得迟到、早退。

3. 学生进入实验室应衣着整洁，保持安静，保持室内整洁卫生，禁止吸烟。

4. 实验中严格遵守操作规程，服从教师的指导。学生必须以实事求是的科学态度进行实验，认真测定数据，如实、认真做好原始记录，认真分析实验结果，独立完成实验报告，并按时递交指导教师。

5. 要爱护实验室仪器设备，如违反操作规程或不听从指导而造成人身伤害事故，责任自负；造成仪器设备损坏事故者，按学校有关规定进行处理赔偿。

6. 在实验过程中，注意安全，严禁违章操作，注意节约水、电、实验材料、试剂和药品，遇到事故要立即切断电源、火源，报告指导教师进行处理；遇到大型事故应保护好现场，等待有关单位处理。

7. 每次实验结束后，要对本组使用的仪器设备进行擦拭，做好整理工作，经指导教师检查，合格后方可离开实验室。